サードウェイ

Third Way

第3の道のつくり方

(株) マザーハウス
代表取締役 兼 チーフデザイナー
山口絵理子

上：バングラデシュの自社工場のスタッフたち。約 250 人が切磋琢磨しながら働いている。
下：工場では常に素材と向き合い、職人たちと共に手を動かしながらデザインする。マザーハウスの商品のデザインは、すべて著者の手によるもの。

since 2018

fabric from INDIA

インドでアパレルを生産

コルカタにて、自社工場を立ち上げ、約30名の職人が働く。レディースファッションアパレルを展開中。

販売国

38店舗の展開

日本、台湾、香港、シンガポールにて、直営店をもうける。店頭ではストーリーテラーと呼ばれるスタッフが生産地とお客様をつなぐ。

since 2009

fabric from NEPAL

ネパールでストールやセーターを生産

現地の草木染めやローシルクを使用し、約500世帯の蚕の農家に発注をしている。

マザーハウスは現在、世界で38店舗（すべて直営店）を展開。バングラデシュ、インド、スリランカ、インドネシア、ネパールなどの途上国に飛び込み、一から立ち上げて自社工場をつくるスタイルは、比類ないものとして国際的にも評価されている。

since 2006

Bag from BANGLADESH

バングラデシュでバッグを生産

自社工場「マトリゴール」では、約250名の職人が働く。革や麻など現地の素材開発からはじまり、レディース・メンズのバッグを型紙から仕上げる。現在約1万個のバッグを毎月出荷している。

since 2016

Jewelry from SRI LANKA

スリランカでカラーストーンのジュエリーを生産

世界一豊富な天然石をもつスリランカにて、採掘場からジュエリーの工房まで一貫して手がける。現在コロンボの自社工房では約20名の職人がブライダルリングやファッションジュエリーを生産している。

since 2015

Jewelry from INDONESIA

インドネシアでフィリグリー（線細工）のジュエリーを生産

伝統技術である銀線細工を18金ではじめてつくり、伝統をいかしつつ現代性をもつデザインが好評。現在ジュエリー専門店も都内にオープン。

2006
1 バングラデシュで、最初の160個のジュートバッグをつくる。
3 株式会社マザーハウスを設立。

2007
8 東京・入谷にマザーハウス1号店がオープン。
9 初著書『裸でも生きる』が出版。

2008
3 TBS「情熱大陸」に出演。
9 小田急百貨店新宿店にて、初めて百貨店内にお店をオープン。
12 バングラデシュに初の自社工場を設立。

2009
3 株式会社H.I.Sと「バングラデシュツアー」を企画。工場へのお客さまの訪問が初めて実現。
9 第2の生産国・ネパールにて、ローシルクのストールの生産開始。
『裸でも生きる2』が出版。

2010
8 初めてのコンセプトバッグ「ハナビラ」が発売。国内の各店舗で大ヒットに。

2011
3 第2の販売国・台湾にて販売開始。
8 初めてのグラデーションレザーを用いたコンセプトバッグ「ICHO」を発売。
9 初エッセイ『自分思考』が出版。
11 バングラデシュの自社工場・マトリゴールが移転。

2012
3 「MOTHERHOUSE」のブランドロゴを変更。
9 マザーハウス本店が東京・秋葉原に移転し、大型店化。
10 初のブランドブック『バッグの向こう側』を発売。

2013
7 バングラデシュの自社工場・マトリゴールのスタッフ数が100名を超える。
9 ココカラプロジェクトが始動。第1弾である乳がんの患者さん向けのショルダーストラップがヒット。

2015
4 ネパールで大震災が発生。現地のスタッフへ支援をおこなう。
8 リュックにもショルダーでも使える2wayバッグのヒット作「yozora」を発売。
10 第3の生産国・インドネシアにて、線細工(フィリグリー)の技術を用いたジュエリーの生産開始。
第3の販売国・香港にて販売開始。

2016
11 マザーハウスのジュエリーブランド「ジュエリーマザーハウス」が誕生。
第4の生産国・スリランカにて、カラーストーンジュエリーの生産開始。
12 東京・秋葉原にジュエリーマザーハウス本店がオープン。
『裸でも生きる3』が出版。

2017
9 テレビ東京「カンブリア宮殿」に出演

2018
3 第5の生産国・インドにて、手紡ぎ・手織りの生地「カディ」を用いたシャツの生産開始。
9 マザーハウスのファブリックブランド「ファブリックマザーハウス」が誕生。
東京・秋葉原にファブリックマザーハウス本店がオープン。

2019
4 第4の販売国・シンガポールにて販売開始。
8 “Fabric of Freedom 自由をまとう布で、あなたと自由に”をテーマに、天然素材の新しい可能性を追求していくブランド「e.」が誕生。
9 第6の生産国・ミャンマーにてルビーを使ったジュエリーの生産開始。

Third Way《サードウェイ》

第3の道のつくり方

はじめに

二項対立を超えて

男、女。右、左。西、東。先進国、途上国。都市、農村。論理、創造。組織、個人。家庭、仕事。そして理想と、現実。

世の中には、ほとんどすべてのものごとに、二つの軸が存在する。言葉を換えると、すべてのものごとには裏も表もある。ときに、これらは反発する。〝両極〟として対立のポジションをとり、ものごとが前に進むことを阻む。

対立の解決のために、多くの人が悩む。

結果、導き出されてしまう答えは、「足して2で割る」といった妥協点だったり、あるいは「どちらかだけを取る」「どちらも捨てる」といったあきらめだったりする。

でも。

本当にそれだけが答えだろうか？

なぜ世の中はこうも、二つに分断されているんだろう。一方のポジティブは、もう一方のネガティブを生み出さなければいけないのだろうか？


私は、そんなとき、「第3の道――サードウェイ（Third way）」を歩んでいく。


「サードウェイ」、この言葉は聞き慣れないかもしれない。

いわゆるコーヒーの世界や、ワインでサード「ウェーブ」と言われているものとは違う。私がこの本でお伝えしたいサードウェイは流行に関するものではなく、その真逆、生きるうえで、仕事をするうえでの考え方であり、思想である。

私はそれを「相反する二軸をかけ合わせて新しい道を創造する」と定義している。


もう少し詳しく説明をすると、たとえば、目の前にAとBという選択肢があるとする。それらは対立している、まったく異なる二つの選択肢だ。

その場合、私たちは、どちらか一方を取るか、または中間地点としての選択肢Cを見いだそうとしてきたと思う。選択肢Cは、多くの場合「バランスをとる」ことであり、ある意味では「妥協点」でもあり、ある意味では「最適解」と呼ばれることもある。

私が本書で提示するサードウェイは、そうではない。AとBのいいところを組み合わせて、新しいものをつくる。そして、ときにAに寄ったり、Bに寄ったりしながらも、らせん階段をのぼるように上昇させていく。

サードウェイを実践した13年間

私は大学を卒業して、バングラデシュに単身で渡り、マザーハウスという会社を2006年に起業した。バングラデシュのほか5カ国の途上国でつくったバッグ、ジュエリー、アパレルなどを国内外38店舗で販売している。売り上げは13年間、一度も落としたことがない。日本にも海外にも、自慢の仲間たちがたくさんいる。

途上国と先進国を行き来し、10カ国で仕事をしてきて、スタッフ約600名と共に輪をつくろうと挑戦していく中で、少しずつ、少しずつ自分の中で形づくられ、自分自身を支えてきてくれた考えが、「サードウェイ」だ。

25歳で起業したときから掲げてきた言葉は「途上国から世界に通用するブランドをつくる」だ。「途上国」と「世界」。そして「途上国から」と「ブランドをつくる」。それぞれ相反する二つのものを組み合わせている。

もともと、対立軸にはさまれているブランドだ。

そのミッションを掲げながらものづくりを必死で続けてきた道のりの中で、「中間地点を探るだけでは不十分だ」と何度も、何度も、涙し、苦しんできた。

直面する問題、反発、軋轢、格差、それらを乗り越えて一歩先に進むとき、私にとっての「最適解」は「中間地点」ではなかった。

常に心がけてきたことは、「かけ離れたものだからこそ、組み合わせてみよう。離れていた二つが出会ったことをむしろ喜び、形にしてみよう。これまで隔たりがあった溝を埋めて、新しい地をつくろう」。つまり、バランスを取るのではなく、新しい創造をする思考だ。

ときには衝撃であった。ときには、衝突であった。ときには、反発を生んだ。しかし、その痛みがあるからこそ、それで終わらせたくないと思った。

衝突や反発を、解決することだけにとらわれてはいけない。問題解決よりも、出会ったことによる新しい化学反応を生み出そう、そんな積極的な姿勢が、夢を追い続けさせてくれた。

「もしかしたら、これは生活でも役に立つかもしれないな」

「もしかしたら相反する二つの間で悩み、葛藤している人たちにとって、プラスになるかもしれないな」

そういう思いが湧き上がり、この本を書いた。

1年ほど前、5カ国から職人を呼んで、松屋銀座さんの一階で実演販売をした。セリーヌ、フェンディ、ルイ・ヴィトンの並ぶフロアで、ベンガル人がミシンを扱っていて、実際にお客様が安くない私たちのバッグを選んでくださる。

その光景は、私の挑戦を象徴するコンセプチュアルな一シーンだった。そこには「途上国」や「世界」といった対立軸では表せない、誰も見たことがないピカピカの価値が生まれていた。この瞬間が、たまらない。

サードウェイのつくり方

「サードウェイ」を絵でイメージするとしたら、こんな感じだ。

丸いものが集まるグループと、四角いものが集まるグループがあって、二つは遠くにあって交わろうとしない。

丸と四角を足して2で割って「丸っぽい四角」をつくっても、魅力的にはならない。

そうではなくて、「両者のいいところを組み合わせて、新しいものをつくる」という手法をとってみるのだ。

まず、目を凝らしてそれぞれを観察する。それぞれの素敵なところを見つける。キラリと輝く魅力を持ち寄って、ベストな組み合わせで形をつくってみる。

縦一列に並べるのがいいか？ ジグザグに配置するのがいいか？ 積み木のように、四角のパーツと丸のパーツを使ってデザインしていく。


このときに大切なのは、「何をつくりたいのか？」「何を大切にするのか？」を自分に問い続けること。そして、面倒がらずに手を動かす。これらの試行錯誤を続けることによって、価値は高まり、上昇していく。


たとえば、大量生産と手仕事。

大量生産は途上国において負の側面もあるけれど、利点だっていくつもある。工場運営のノウハウ、効率的な素材管理、調達手法、人材育成手法、それらはいつだって役に立つ。

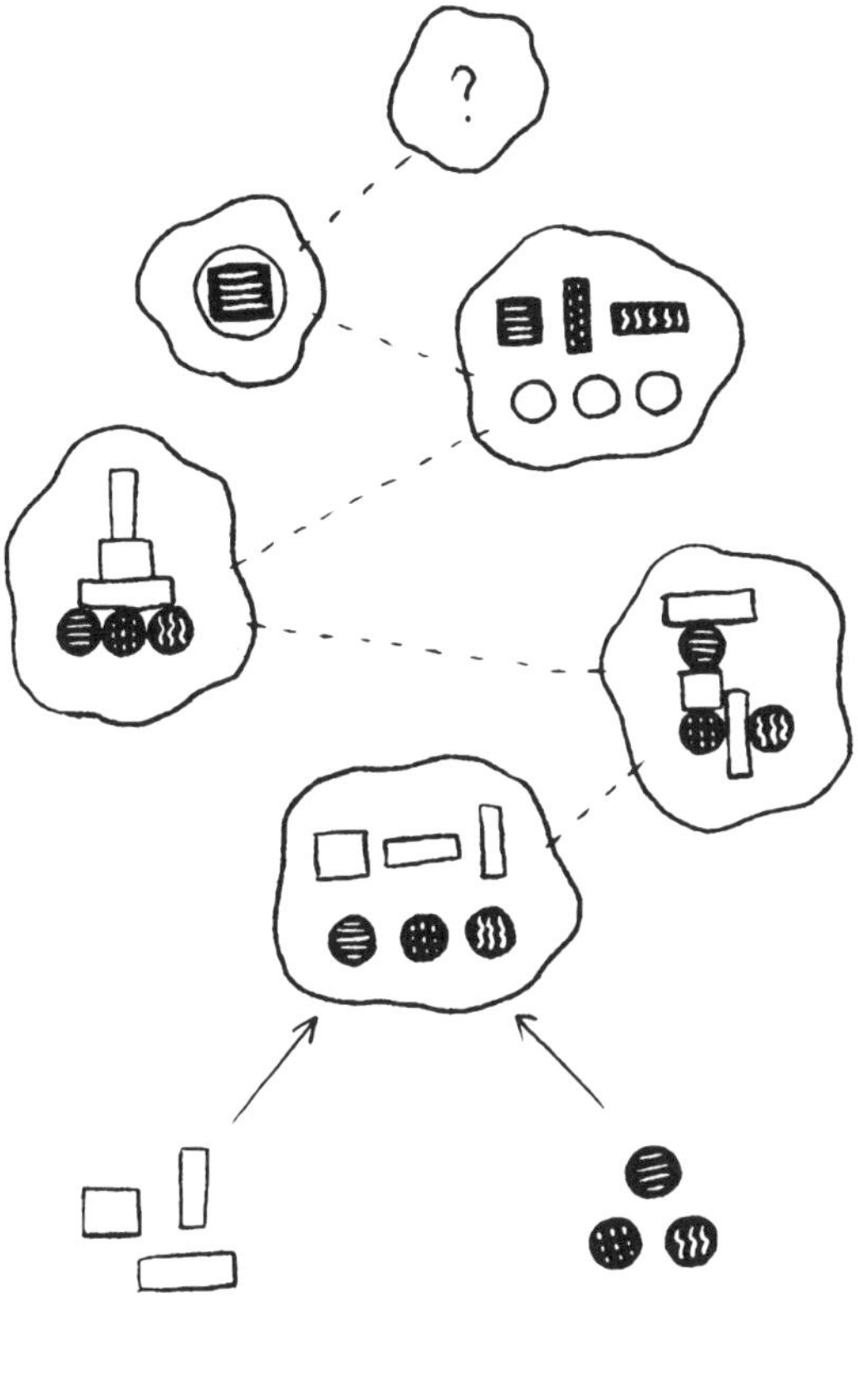

サードウェイのつくり方

一方で、手仕事のよさは、高いレベルの職人技術が消えることなく開花され、人間の温もりが表現される部分、愛が商品に宿る部分にある。

ここでのサードウェイは「手仕事を〝効率的に〟やるには？」という問いから始まる。

一見、不可能に感じられたとしても、あきらめずにトライを続ければ、答えは必ず見つかる。少なくとも、私は複数の答えを見つけてきた（本章をお楽しみにしてほしい）。

そして、この問いの答えには、日本を含め、世界中の「伝統技術の未来」を守るヒントがあると思っている。

＊＊＊

この本の中で取り上げるのは、「社会性とビジネス」「デザインと経営」「個人と組織」「大量生産と手仕事」「グローバルとローカル」という5つの軸だが、日常生活を送る上で、日々直面するさまざまな二項対立は山ほどある。

若者と高齢者、禁煙と喫煙、労働と休息、管理する人とされる人、男性と女性……。

そういったものごとの間で、私たちは生きているし、揺さぶられ、一方に寄りすぎて、他方を無意識に傷つけたりするが、その反対もまたある。

その都度、私たちは、ついつい「妥協点を探る行為」を求めがちだけれど、きっとそれだけでは、消耗していく。

私は両者の交差点で生まれるアイディアや共感、相互作用が、もう一段高い次元での解決策を、広く社会に提供するものであると信じている。

何より、そのほうが楽しい。ワクワクする。無理がなくて、長続きする。だから、サードウェイという考え方を一人でも多くの人に知ってほしいと、強く思った。

この本は、私——山口絵理子という個人が体験してきた「サードウェイ」のエピソードとその概念、考え方をまとめたものだ。

会社の経営とプロダクトのデザインを担い、先進国と途上国を行き来し、大量生産と手仕事を組み合わせて、高い目標へと向かってきた13年の経験を、初めて「サードウェイ」という一つの軸で振り返ってみた。

私の短い経験だけがベースになっている。それでも、自分がやってきたことしか、書いていない。

この本を手に取ってくださったあなたの日常に、「サードウェイ」という思想が、実践的に、少しでも役に立つことがあれば、とてもうれしい。

第2章 デザインと経営のサードウェイ　83

第4章 大量生産と手仕事のサードウェイ 195

第5章

グローバルとローカルのサードウェイ 227

第1章

社会性とビジネスのサードウェイ

1.「理想」への道はいつだって、ぐねぐねしている

私がマザーハウスを起業したのは、大学を卒業して、大学院に進んだ後のことだった。気づけば13年もの時が流れた。

今では、自社の工場や工房が、バングラデシュ、ネパール、インドネシア、スリランカなどアジア各地にあって、毎日せっせと稼働している。

私がデザインしたジュート（バングラデシュの麻素材）や皮革のバッグ、小物入れ、そして最近ではジュエリーも生産し、日本、台湾、香港、シンガポールの路面店や商業施設内などの直営約38店舗を通して、お客様にお届けしている。

現地の素材を使ったり、地元の職人たちと一緒に働いたり。国の経済力などに関係なく、その国ごとの「個性」をどんどん引き出しながらブランドを育ててきたつもり

だ。

まったく新しいタイプの工場づくりにも取り組んでいる。アジア以外のエリアへの進出も具体的になってきた。夢はどんどんふくらんでいく。

私は起業前、大学のゼミで途上国の発展を考えるための開発学を勉強していた。４年生のときはアメリカ・ワシントンの国際機関で働いた。だが、国際機関のスタッフは「現場」のことがまったくわからず、机上の空論でものごとを進めていることを知ったため、「アジア最貧国のことを知ろう」と、縁もゆかりもないバングラデシュへ。

空港に降り立ち、町へ出る。私はそのときの「におい」を今でも覚えている。泥沼のような、大衆浴場のような場所。その周りに、掘っ立て小屋が乱立し、異様なにおいを発生させている。ゴミをあさる人もいて、街中には、すえたにおいが広がっている。初めてのスラムだった。

「もっとこの国のことを知りたい」「バングラデシュの役に立ちたい」

私はそう思って、リキシャ（バングラデシュ式の三輪自動車タクシー）でダッカ市内の大学院に行ってそのまま勢いで入学し、そこから私の長い旅が始まっている。

こうした私の経歴を話すと決まって、言われることがある。

「信念の人ですね」

「ずっと社会貢献という理想を捨てずに生きていて、立派ですね」

褒めていただくのはうれしいが、「私はそんなすごい人ではないんだけどな……」と思ってしまう。


もちろん原点にあるのはバングラデシュ。「この国の力になりたい」という思いは消えていない。少しでもバングラデシュの人の暮らしをよくしてきたいと一日たりとも思わなかったことはないし、ぼろぼろになりながらも、自分の信じた道を突き進んできたという自負はある。


でも、社会貢献がしたいという思いだけではビジネスはできない。

日本では約200人、グローバルでは約6000人のスタッフがマザーハウスで働いている。
給料を払い、彼らの家族をも支えなくてはならない。

社会的に熱い思いがあったとしても、現実に出店している商業施設では、１００年以上の歴史のあるビッグメゾンが立ち並び、一方では、ファストファッションがどんどんお客様を吸い寄せていくような環境で、プロダクトとして勝ち続けないとビジネスは続かない。

私が肌身離さず抱えてきたテーマは、「社会性とビジネスの両立」。相反する概念と思われがちなこの二つを、いかに共存させ、お互いに高めていくかという挑戦の連続が、私の13年間だったと言ってもいい。

ゴールは小分けにして考える

「途上国から世界に通用するブランドをつくる」

マザーハウスのビジョンは非常に大きくて、やや抽象的だ。

途上国に住む人の仕事を生み出して、豊かな国づくりをお手伝いしたいという「社会性」のイメージが強い目標。それでいて、職人たちには厳しいプロ意識を求め、「東京をはじめ世界の都市で勝負できる商品をつくる」というビジネスの視点も忘れてはいない。

私は〝社会性〟と〝ビジネス〟という一見矛盾する二つのゴールを追い求めている。起業して13年になるが、歩いても、歩いても、毎年年末には「1年前よりも、私は夢に近づいているのだろうか……」と考えてしまう。

私たちマザーハウスはさっき書いたように、とてつもなく大きくて抽象的なビジョンを掲げて13年やってきたが、自己採点をするとどうだろう？

今、私たちは6カ国の途上国で生産し、4カ国の先進国で直営店をもっているので、少なくともまったくダメな「ゼロ」点ではない。

そんな私が、ビジョンとして掲げた大きなゴールに向けて進むうえで、心がけていることがある。

ゴールと現在地の間に、「小分けしたゴール」を準備する。

一つの「小分けしたゴール」を達成したら次を探す。

設定して、達成を目指す。

そうやって少しずつ進んでいく。


もしかしたら、会社や組織においての「中期目標」と近いかもしれない。

マザーハウスの場合、まず一つ目の「小分けしたゴール」は、バングラデシュ国内で、もっとも品質と労働環境がすぐれた工場を目指そうというものだった。

そのため、苦労もしたけれど、自社工場にこだわって運営をしてきた。こういう小分けしたゴールがあると、「途上国から世界に通用するブランドをつくる」という大きくて抽象的なビジョンが具体性を帯びてきて、行動に移しやすくなる（現在、バングラデシュ国内のバッグ産業では、おそらくもっとも高い単価の商品を輸出をしている）。

二番目の「小分けしたゴール」は、日本においてバッグメーカーとして代表格になることだった（現在、ちゃんと上位に食い込んでいる）。

そしてさらに次の「小分けしたゴール」として、ネパール、インドネシア、スリランカと生産地を広げ、アジアのものづくりを変えていく存在になることを掲げた。

こうしたいくつかの小さなゴールたちは少しずつ達成され、最近ではシンガポールのチャンギ空港に隣接した商業施設に直営店をオープンした。私たちが広げる地図は、確実に大きくなっている。

大きなビジョンと小さなゴール

ゴールを小刻みにしていく作業は、とても繊細だ。

間違った時間軸で、ざっくりと刻む小分けの仕方をしてしまうと、達成できずにショックを受けることになる。

とにかく、今の自分、今のライフスタイル、今の心の余裕、それらをきちんと自己査定しながら、理想をブレークダウンしてみる。そうすることで、自分のビジョンがとてもよく見えるようになった。

大きなビジョンを掲げるとどれだけがんばっても、自分のがんばりが取るに足らないもののように思えてしまう。

私も小分けする習慣が最初からあったわけではないので、起業してすぐの頃は、毎年同じ時期に会う友人に「まだ何もできていない。何も成長していない」とグチをこぼしていた。

友人は意外に感じたらしい。

「へ⁇ そんなにがんばって、まだ何も成長していない？ ストイックすぎない？」

その言葉を聞いて、私は気づかされた。たしかに、いろいろアクションも努力もしている。何も成長していないわけではないなあ、と。

私には大きなゴールしか見えていなかったのだが、そこにつながる道にはたくさんの交差点もあり、歩道橋もあり、右折左折もある。

「小分けしたゴール」たちを道にきちんと散らばせよう。最初の交差点にはもしかしたらもう立っているかもしれないな。

そう思えると、自分でもエネルギーが湧いてきた。つまり、経験から得た学びだ。

小分けしたゴールは自分次第でいくつでも配置できる。最終ゴールまでの道のりが長すぎて息切れしそうなときには、まずは小分けしたゴールの一つ目に向かおう。

ついつい「ゴールを現実に寄せる＝妥協する」と発想しがちだけれど、それだと考え方がネガティブになってしまうし、理想から遠ざかってしまう。

そして、「ビジョンは大きく、抽象的で」と書いたのには理由がある。

「少年よ、大志を抱け」は、とても好きな言葉だ。

私がもし、「バングラデシュからバッグのブランドをつくる」という、今よりちょっと「小さめで、具体的な」ビジョンを掲げていたとしたら、生産国が6つに広がり、店舗が38店舗になっている今のマザーハウスは存在しない。自分で決めたビジョンの範囲が、すべての行動を決めてしまう。

だからこそ、「大志」と言えるぐらい大きいビジョンのほうが、小分けする楽しさも増えていく。そして小分けしたゴールのつくり方、たどり着く方法は、あくまで流動的に、柔軟に、時代や風向きに合わせてどんどん変えるべきだと思う。

最終ゴール＝ビジョンは、堅くてどっしりと揺るぎなく。
小分けしたゴールは柔らかく、ぐねぐねしている。
状況に合わせてしなやかに、形を変えられる。

それが、社会性とビジネスの両立に挑んできた私のサードウェイだ。

頭で考えるより手と足を動かす

小分けしたゴールに向けて風景をどんどん変えていくには、頭で先回りして考えるよりも、「手を動かすこと」が大事だと思う。

実は、私がバングラデシュでバッグづくりを始めた頃は、現地でつくった１６０個のバッグを日本に持ち帰る方法さえ知らなかった。手続きについて調べる前に、バッグをつくることを決めてしまったのだ。

私はとにかく毎日、手と足を動かしてものづくりをするのに夢中だった。モノができれば、それを売るために次のアクションをとらなければいけないと気づく。そうやって、無意識に前進していた。

結局、160個のバッグをどうしたのかといえば、なんと全部「手荷物」で抱えて日本に持ち帰った。空港に大きなダンボール箱をいくつも持ち込んで、成田へ飛んだ。重量オーバーにならないように、計量機からはみ出た箱の端を足のつま先でこっそり持ち上げた(!)というのも、嘘のような本当の話。

今となっては自分でも笑えるくらい、青臭くて不格好なドタバタの連続だった。


当時の私には「ビジネスを始める」という意識が1ミリもなかったと思う。

その代わり、絶やさなかったのは「この布を縫って、バッグをつくってみせる」という思い。

バングラデシュで出会った「ジュート」という麻素材にすっかり魅せられた私は、丈夫でほかにはない手触り感のあるこのジュートの可能性をどこまでも広げてみたいという強い思いに駆られていた。

高温多湿の気候が生み出す野性味あふれるこの植物は、しなやかで、なんでも受け止めるような耐久性を備え、太陽の下で黄金色に輝く。強くて美しい生き物に憧れるように、私はジュートに恋をしてしまったのだと思う。
「これはそんなに高く売れるもんじゃないよ。うちの工場でつくっているのも、縫いっぱなしでつくるだけの1ドル以下の袋なんだから。どこかの国で、農作物の保存袋に使われているらしいけどさ」
ベンガル人にとっては、あまりにも身近すぎる宝物だったのだろう。近年は「より稼ぎになる」という理由から、ジュートではなく米作に鞍替えする農家が増えていると聞き、私は居ても立ってもいられなくなった。

なけなしのお金をはたいて、まとまった量のジュートを買った。そして、その繊維を一本一本ほどいて上質な繊維だけを集めて高密度で織り、まったく新しいジュート製の布地を開発した。

見違えた。惚れ惚れした。これなら勝負できる、と確信した。
あの1ロールの布地から、すべては始まったのだ。

二酸化炭素の吸収量が豊富で、地球環境にもやさしいジュート。この素材がもっと輝く使い道があるはず。私がそれを見つけて、この手でつくって、誰かに知らせたい。

思いだけで、始めた。
利益とか成功とかは頭になく、
手を動かすことしか考えていなかった。
それが正解かどうかも、気にならなかった。

私は、ただ目の前の「モノをつくる」ということに夢中になり、そこから始めた。

情熱を注げるモノを探す

今の時代、何かを始めようとすると「それで、将来のビジョンは?」「何を成し遂げたいの?」と最初から大きな地図を描くことを求められる。起業した時点でビジョンを淀みなく語れるリーダーのほうが、今っぽいと讃えられる。

私も走り始めたときから「途上国から世界に通用するブランドをつくる」というビジョンはもっていたが、まずはゴールを小刻みにして、ジュートという素材、形ある

〝モノ〟を信じ続けていた。

モノはどんなに粗雑で荒削りであっても、
そこにあり続けてくれる。
いいときも悪いときも、
いつでも向き合える対象としてそこにある。
それがどんなに心強いことか。

モノは嘘をつかない。モノに対して、こっちがごまかすことも難しい。
迷ったとき、不安に駆られたとき、私はいつも自分の手の中にある「モノ」に答えを聞くようにしてきた。

それは美しいモノなのか。
私が心から好きと言えるモノなのか。
たくさんの人が愛してくれるモノなのか。

すると、自ずと答えは見えてきた。

どんなに素晴らしいビジョンを描いても、それを体現するモノを生み出せなければ、世の中を変えることなんてできない。

逆に本当にチカラのあるモノをつくり出すことができれば、途上国の工場で働く人の生活が劇的に変化して、製品を手にする人の価値観にも影響していくんだってことを、私は学んできた。

そうやって、モノと常に向き合って「私たちがやるべきこと、やるべきではないこと」の検証を積み重ねていく中で、「途上国から、世界に通用するブランドをつくる」というビジョンはより強く、揺るぎないものになっていった気がする。

インターネットや仮想現実がこれだけ私たちの生活を支配している世の中で、実体としてのモノに問える機会は貴重になりつつあるのかもしれない。

でも、だからこそ、大切にしたいと思っている。

仕事の原点になっている「モノ」とはなんだろう——。

この本を読んでいるあなたも、そんな問いを向けてみてほしい。

私の場合はものづくりの仕事に就いているので、それはジュートという素材だった。同じように、仕事で開発に携わった製品でもいいし、今いる業界で「働きたい」と思ったきっかけとなったスーパーや百貨店などの棚に並んでいる自社の商品でもよい。力を込めてつくったプレゼン資料や企画書、ネットで公開した一本のブログでも立派な「モノ」だと私は思う。

大事なのは「これが自分にとって大切なんだ」という価値観を体現しているような手触り感がある「モノ」を心の中でもち続けていること。そして、迷ったときには、いつでもその「モノ」に立ち返ればいい。

どんな企業にも「社会性」はある

私は「社会起業家」と呼ばれることが少なくない。社会問題をビジネス的な手法で解決しようとする起業家のことを指す、らしい。

ちょうど私が起業した2006年に、少額融資で貧困層を支援する事業をおこなっているムハマド・ユヌス氏がノーベル平和賞をとった。そのニュースも話題となって、にわかに社会で広まったキーワードだ。

バングラデシュでバッグ160個をつくって、どうにかして日本で販売しようともがいていたとき、最初に「取材したい」といってくれたメディアのタイトルには「社会起業家」という言葉が含まれていたのだが、私はその意味をよく知らなかった。無我夢中で製造と販売をしていた私は、自分の身の回りで起きているトレンドや時代背景など意識する余裕もなかったのだ。

その後も2010年にアントレプレナー・オブ・ザイヤーをいただいて、2011年のジャカルタで開かれた世界経済フォーラムにも日本の社会起業家として招いていただいた。

しかし、私自身は、「社会起業家」と言われることに、いまいちしっくりきていない。

社会起業家が扱う分野は、途上国支援だけでなく、貧困問題とか、環境保護や高齢者支援など本当に多い。こうした社会課題を解決するためには、短期的な利益を追い求めるだけではダメだ。だから、これまではお役所の役割だとされてきた。

だけど、それだとスピード感が足りなかったり、複雑な問題に対応できなかったりする。それに、日本を含めて先進国の財政も厳しいため、すべての問題に対して税金を十分に使えない。

そのため、ビジネスのアイデア力と資金力を活かして社会的な課題を解決する存在として、中間的なエリアを担う「社会起業家」が期待されている。

日本では、約20年前にＮＰＯ法が成立した。それまで社会貢献は「ボランティア」として考えられることもあったけれど、法律によってＮＰＯに「法人」の権利能力が与えられた。不動産を借りやすくなったり銀行口座を開きやすくなったりした。

最近では寄付や補助金に頼りすぎなくても、活動からちゃんとした利益を得ながら事業を回すビジネス型のＮＰＯも増えてきたそうだ。また、世界的には、金銭的リターンだけでなく、社会にもたらす「よい経済効果」を大事にするファンドが進める「インパクト投資」という分野が注目され始めている。

社会貢献とビジネスの両立はここしばらくのホットなキーワードなのだと、社会情勢に詳しい方から教えてもらった。

でもなあ、とも思う。

どんな企業だって、人を雇って
その社員本人や家族を支えているだけで、
あるいは税金を払って地域や国の運営を
手助けしているだけで、「社会性」はある。
どんな仕事でも、世界の一部に何らかの貢献をしている。

自分が携わったサービスや商品に、お金を払って買ってくれる人がいるということは、何らかの「困ったこと」に応えている。そういう意味では、社会性とビジネスは最初から両立しているものなのだ。

ただ、それでも私が「社会起業家の先駆け」として、複数のメディアなどで取り上げていただき、ほかの起業家と何かしらの差があるのだとしたら、社会性に関する「動機の強さ」なのかもしれない。

途上国から付加価値のあるものをつくりたい、現地の素材や職人の隠れた可能性を探ってみたい。ひいては、経済大国が途上国の労働力を利用するだけ利用する「世界の搾取」の構造に一石を投じたい。

そんな世界の現状に対する怒りと、「新しい解決策を生み出したい」という私の思いに、強い社会性を帯びていると人々が感じてくれたからだと思う。

理想と情熱を長続きさせる３つのポイント

最初は理想や情熱が明確だったはずなのに、仕事を長く続ける中であきらめてしまったり、薄れてしまったりする。そんな寂しさを伴う悩みを、時々聞かされる。

私の場合は、毎年それが薄れることなく、13年という時間の中でむしろ強くなっているかもしれない。その理由は自分の中では明らかで、次の３つのことを大事にしてきたからだ。

①ビジョンを大きくすること
②定点観測をして、自分の立ち位置をハッキリさせること
③プロセスの中で生まれた夢も追加すること

まず、「ビジョンが大きいこと」が、動機の持続につながる理由はとてもはっきりしている。

ビジョンをつくるときに、それが大きいか小さいか、数年後もちゃんと輝いているビジョンなのか、共感してもらえるものなのか、国境を超えられる言葉なのか、などということはあまりじっくりと考える人はいないかもしれない。

でも——。


ビジョンこそ、「ライフワーク」になり得るのか、最初にとことん考え抜くべきなのだ。

そして、ビジョンは大きいほど長続きする。


たとえば私が起業したての頃、ある起業家たちの集まりで知り合った人がいた。岡

山県で、食品の卸の会社を起業しようとしていた人だった。

彼がビジョンとして語ってくれたのは、「岡山でナンバーワンのレストランやホテルに卸せる地場最高の食品メーカーになること」。私は、それを聞いたときに思わず「え⁉　それってすぐに実現できそうじゃない？」と言ってしまった。

案の定、彼の行動力でそれはすぐ達成され、数年後にモチベーションを失ってしまう。彼は別の会社をまたつくった。

ビジョンが行動を決めるなら、そのビジョンが数年後もずっと自分を引っ張るだけの広がりをもつかどうかがとても大事なのだ。


彼にはたとえば〝地場でつくられたものが、地場の力で、地場の人に最高に愛される、そんな循環をつくる〟という、大きいビジョンが必要だったのかもしれない。

もし「地場」という言葉を使っていれば、岡山より広いイメージをいくらでももつことができて、可能性がふくらんでいく。岡山の成功をもって、違う県に挑戦してみよう、という気持ちも自然と湧くかもしれない。

「地場」という言葉をもっと広くとらえることができるようになれば、工芸品やアートなども「地場の力だよね」と思うようになる。そうすれば、食品でその目標を達成した後に、同じようにプロジェクト化できたかもしれない。

そんなふうにビジョンが、自分をどこまでも引っ張ってくれるかどうかが、〝動機の持続性〟には欠かせない。


次に、定点観測できるかどうか。

大きなビジョンを描けば描くほど、よく陥ってしまうのが、「自分が今どこにいるかわからない」病だ。理想が遠すぎて、凹んでしまうケース。気持ちがとってもよくわかる。

これには私の場合、さっき書いたように、ゴールを小分けにしてきた。


理想を小刻みにする。

「今、自分はここまでできたぞ」

「今年はこの作品をつくって、ここまでお客様に届けた」

「今年は生産地を一つ増やして、販売地を一つ増やした」と、具体的に定点観測する。

小売業の場合は意外とわかりやすいかもしれないのだが、どんな業種・職種の場合でも、丁寧に小刻みビジョンを振り返る習慣をもつのがオススメだ。

最後のポイント、「プロセスの途中で生まれた夢も追加する」もとても大事。

ビジョンが決まったからといって、
それだけに集中するなんてつまらない。
途中で「あ、こんなこともできたらいいな！」は絶対に生まれる。
そうしたらどんどん柔軟に、夢の中に取り入れてしまうのだ。

大きなシナジーが生まれるかもしれないし、失敗するかもしれない。いずれにしても、挑戦が生まれ続けることが「ワクワク」「ドキドキ」「夢中」の大原則なのだ。

そしてそれは何も組織のビジョンの仲間にならなくても「マイビジョン」でもいいと思う。自分勝手に決めて、自分の心を旬に保ちながら働こう。

2. 社会性が企業にもたらす共感・信頼・出会い

これまで13年間、たくさんの人から、「社会性とビジネスは両立できると思いますか？」と聞かれてきた。

私の答えはいつでも「イエス」だ。しかし、中には「本当かな？」という顔をする人もいた。

繰り返しになるけれど、誰かの仕事を生み出し、商品を生んでいる時点で、どんな企業、どんな仕事も「社会貢献」はしている。でも、日々の仕事の意思決定では、どうしても社会性を犠牲にしてしまう（と感じる）場面があることが、世の中では多いのかもしれない。

「ババ抜き」型のビジネスを変える

ある途上国の大量生産型の工場で「ババ抜き」という言葉を聞いたことがある。「ババ」とはものづくりの過程における赤字のことだ。生産をする工場、商品を検品する業者、働いている労働者。誰かがババを引く、つまり損をしないと、コスト感覚が厳しいバイヤーの期待に応えられないという意味だ。そういう現状を「ババ抜き」だと、ネガティブな意味で言っていたのだ。

「検品業者に今回はコストを飲んでもらおう」
「今回はロットが巨大だから、素材工場にロスをかぶってもらおう」

そんなふうに、ババのカードはあっちこっちに回される。その背景には、「誰かが泣くことで安いものができる。それをお客様は安い安いと喜んでくれる」という思想があった。

気持ちが悪いな、と私は思った。「誰もババを引かないビジネス」を目指そうと決めた。

けれど、そんなことを流通の現場で語り出すと「若いなあ」「理想主義者だね」と真剣に考えてもらえなかった。それほど「ババ」があるのは当たり前とされていた業界なのだ。

お客様の満足を維持しつつ、「ババ」をなくすビジネス。それはまさに「理想」と「現実」のぶつかり合いだった。

私はその間に立ちながら、揺れ動き、悩むことも多かった。

しかし、一つひとつの現場で、二つの軸が対立する中、どちらか一方を諦めたり、どちらかに偏ったりするのではなく、ふたつの要素をかけ算し、らせん階段をグルグルとのぼるように、私は具体的なアクションをとってきた。

私の結論。それは、工夫次第で、「ババ」はなくせる、ということだ。

つまり、つくり手と使い手が同時に幸せになる仕組みはつくれると思う。

〝バッグの向こう側〟の見える化

まず、私たちがシンプルに取り組んだことは、「誰が、どんな思いで、どのような方法で、ものをつくっているか」を伝えること。

「職人一人ひとりの成長や、工場の環境の向上をお客様に伝える」ことだ。「自分が買ったバッグが、誰とつながり、どのような変化を生んでいるか」を事実として伝えることだった。

そんな具体的なエピソードが一つある。

私自身も誇れる工場スタッフの中で、ジャハンギという男性がいる。彼は最初「お手伝いさん」だった。お茶をもってきてくれたり、お昼になるとランチを手配してくれたり、料理が上手でみんなにおやつを用意してくれたり。彼のことは、私のブログや本を通じてお客様は知ってくださっていた。

そんな彼がある日、仕事を終えて私のほうにやってきて、裏地を見せてくれた。きれいに縫製されていた。「あれ、どうしたの」と聞くと、彼は恥ずかしそうに「自分が縫ったんだ」と言った。聞けば、毎日仕事が終わってから、ひそかに練習していたそうだ。彼に技術を教えてくれたスタッフもいたそうだ。

私はコックさんの彼が裏地の縫製をやったこと、その品質の高さ、何よりその気持ちにとても感動した。さっそく工場長に話して、彼を生産グループに入れてほしいと伝えた。

彼はその後、検品チームに配属され、つい最近そのチームのリーダーになった。マザーハウスにとって大事な部署のリーダーだ。給与もケタ違いに伸びたし、住まいもよくなった。外見的にも弱々しかった彼が一回りも大きく見えるくらい頼もしくなり、声にも張りが出て大きくなった。

そんな彼の劇的変化を、お客様もツアーやブログを通して知る。たまに私がお店に立つと、「ジャハンギさんは元気?」と声をかけてくださる人もいる。

お客様が工場のスタッフの成長を感じながら、商品を選んでくださっている。その姿を目にするたび、私は「社会性」と「ビジネス」、「生産」と「販売」がつながっている感覚をもてた。

誰が、どのように、ものをつくっているか。〝ものづくりの向こう側〟を正直にお客様に伝えるほうが、よっぽど透明感のある、健全なビジネスだ。

社会性が生む経済的優位

「マザーハウスの哲学や工場を運営する様子に共感し、他ブランドではなくて私たちの商品をお客様が選んでくださった」ということもあった。

あるお客様は、マザーハウスの店舗に飾られている『バッグの向こう側』という本を見つけてくれた。それは7年前に私たちが自費出版した「職人と工場のブランドブック」。職人のみんなの顔があまりにも格好よかったので、私がプロのカメラマンをバングラデシュに連れていき、１冊の本にまとめたのだ。

写真にいたく感動したお客様は、さらにホームページを読み込んでくださって、なんとバングラデシュ自社工場を訪れるツアーにも参加してくださり、今では現地のスタッフとフェイスブックでつながっている。

「他ブランドとまったく違う」とすっかりコアファンになってくださり、これまでもっていたブランドバッグからマザーハウスのバッグコレクターに切り替えてくださった。社会性が経済的な優位性を生んだ瞬間だ。

他ブランドとの比較において、あくまで商品比較がメインだ。
モノとしてよくなければ、ビジネスとして続かない。
でも、私たちの哲学と、そこから生まれる
事実としての工場運営、生産背景は、
ブランドとお客様の間にたしかな「信頼」を育む。

今の資本主義の世の中は、「競争社会」なのだから、当たり前だけれど勝ち負けはある。ババ抜きが社会からなくなることは不可能だ、と言われるかもしれない。

私は何も競争が悪いと言っているのではない。むしろ適正な競争状態なくして、成長はないと思う。

ただ、ババ抜きというのは、「適正水準」を逸脱した不健全な状態。人が人として働くことが不可能な状態だ。給与が最低賃金以下になっていることもあるし、給与が2カ月、3カ月も遅れるのもザラ。だから少しでも安い職場を求めて動き回る。集団を形成して、経営陣にストライキを行う。鎮圧に地元警察が加わり、暴動に発展。

そんなことが繰り返される状態が今も続いている中で、誰かの悲鳴のうえに成り立つ「安い」商品だけが生まれ、販売側だけが得をするのは間違っていると私は思う。

本当に大切にしたいものを問い続ける

かく言う私も、工場運営において、実は恥ずかしいエピソードがある。

起業して5年ほど経った頃は、需要に対して供給が間に合わず、自社工場の生産能力がまったく追いついていなかった。

お店は常に予約対応で、お客様には2カ月後に商品をようやく手にしていただく状態が続いていた。そんなときにバングラデシュの工場サイドは日本の販売サイドに足を引っ張るまいと、自分たちの判断で連続残業を深夜までやっていたことが後からわかったのだ。

その実態を知って、私も副社長の山崎大祐も激怒した。「そんなことが、販売サイドのためになるなんて、大間違いだ！」

当時の工場長の苦しそうな表情を今でも覚えているし、彼の「なんとかギャップを埋めたかった」という言葉には、思わず胸が熱くなった。

しかし、私たちはその行動に「ＮＯ」を伝え、すぐにバングラデシュに向かった。彼らと面と向かい、膝を付き合わせて、「会社にとって何が大事か」を話し合った。

私たちが真剣であることを知った工場長は、「いろんな会社が、共存とか、共栄とか、生産と販売は両輪だ、とか言うけれど、実際にそれを行動に起こしているのは、マザーハウスだけだ」と言ってくれた。

翌日朝礼で、当時は１００人くらいの工場スタッフの前で「日本側が求めているのは健全な労働であり、健全な体力と精神で最高のものづくりに打ち込むことだ」と告げた。

みんなが一緒に学んだこの一連のエピソードで、私たちの絆は本当に深まったと思う。

「本当に自分たちにとって大切なものは何か？」

「真の成功とはどういうことか？」

という問いをとことん突き詰める。

そして、みんなで共有する。

実行を徹底する。


誰かがババを引かないとビジネスが回らないというのは、短期的な考えに過ぎない。たしかに時間はかかる。試行錯誤が必要だ。でも、回り道に見えても、こうして私たちがお客様から信頼を得てきた過程を振り返ると、「ババ抜き型のビジネスからの脱却」は、関わるすべての人たちの連帯を生み、目標や夢を共有できるものに変えてくれる挑戦だと感じる。

社会性が引き寄せる人材

社会に対する強いミッションをもつ企業は、「働く意義」に強い価値を与えてくれる。だから、強い人生哲学をもった個人を引き寄せてくれる。

なぜこんなに多くの学生たちが「マザーハウスしか受けない」と意思を固めて面接に来てくれるのだろう。不思議だが、その理由は、給与でも規模でもなく、ミッションステートメントであり、それはたしかに「社会性」と言える。


たとえば、去年の新入社員は14人だった。

その中での面接の様子。ある女子学生とのやりとりだ。

「どうしてマザーハウスを？」

「中学生のときにテレビ番組の『情熱大陸』で取り上げられているのを見て、とにかく衝撃を受けました」

以来、彼女は「途上国に関わりたい」との夢を温め、高校のときにはボランティア活動にも参加したそうだ。カンボジアに小学校をつくるというプロジェクト。参加したことが楽しく、世界も広がったという。

「でも」と彼女は続けた。

「プロジェクトが終わって残ったのは、本当にそれが持続的に現地のためになっているのかという疑問でした。学校をつくって終わりなのが、なんとなくしっくりきませんでした。そんなときにテレビでマザーハウスという会社を見たのを思い出して、『ビジネスを通じて国際貢献』というキーワードが改めてしっくりきたんです。それでお店に行ったら、普通に〝かわいい！〟って思える財布があって、それを買ってしまったんです。単純にお買い物したい！って思ったんです」

彼女は家に帰って、振り返ったときにじんわりと、「ああ、自分が求めていたものってマザーハウスなんじゃないか」と思ってくれたのだという。

熱く夢中で語る可愛らしい大学生の彼女の口調は、まるで自分が起業したかのようだった。

ここまで哲学に惚れ込んで仲間になってくれる理由は、間違いなくビジョンなのだ。

経営者が代わっても、デザイナーが代わっても、
時代が変わっても、ゆるがないものは、ビジョンしかない。
もっともたくましい企業の財産だ。

経営者やデザイナーが代わったら方針を変え、一斉にスタッフが辞めたりする会社もあると聞く。本当の意味でサステナブルな企業とは、ビジョンがぶれない会社のことではないだろうか。

ビジョンに心から共鳴してくれる仲間たちは、どんな研修でも育むことが難しい「オーナーシップ（主体性）」を根っこからもっている。そして、個と個が影響し合い、私一人ではまったく成し遂げられなかった38店舗のお店を今、彼らが育んでいる。

数字やロジックに偏るリスク

「創業者が大きな社会的ミッションをもっていたものの、規模が大きくなるにつれ、どんどん〝ビジネス〟に偏っていってしまう。そんな心配はないのですか？」

いろいろな業界の企業事情に詳しいジャーナリストの方から、そう聞かれた。

たしかに、世の中にはいっぱいあるのかもしれない。いつしか、経済性・効率性が、「社会性」を凌駕してしまうことが。しかも、それは突然起こるわけではなく少しずつ起きていく。

数字やロジックには力がある。
その力がいつの間にか強くなりすぎる場合があることを、
私たちは自覚しないといけない。

たとえば、過去に同じバッグ業界で、「日本の職人たちの技術を守る」ということを掲げているにもかかわらず、職人さんに不平等な条件での取引を強いていた企業のケースがあったらしい。

コンセプトがありながらも、販売側の利益や規模を大きくすることを優先していつの間にか表面上の文面だけのものになってしまっていたらしい。社内の人材が辞めていき、販売員さんのモチベーションを下げ、店内の雰囲気を壊して、お客様が離れていく。こういった変化はゆっくりと、でも確実に起きてしまう。

「大義名分はわかるけれど、実際には利益を上げないと」

そうやって人は、だんだんと目の前の数字に侵されていってしまうが、それは、じわりじわりといちばん大切なものを蝕んでしまう。

大事なのは、サードウェイの視点。

利益を上げながら社会的ミッションを達成する方法は、
本当にないのだろうか？
哲学を具体的なアクションに落とし込むことで、
お店に人を呼ぶ企画はできないだろうか？

たとえば職人さんたちの実演を店舗で企画することで、お店に活気と変化を生むことは、まさに社会性とビジネスの両軸のかけ算によるアクションだ。

一方に偏ってはいけないし、妥協点を見つけることでもない。二つの対立する軸がひっぱり合いながら、かけ算をして生まれる価値を見つけようとすること。

お客様の喜びが、職人の誇りになり、さらなる技術革新、品質向上に励むことは夢物語じゃない。私が日々見ている現実の光景だ。

そして、職人の創意工夫は新作という形となり、また新たなるお客様の感動を生む。そしてまた、お客様が目を輝かせて言ってくださる。

「次の新作は、どんなものが出てくるの？」

その一言が、さらなる高みに私たちを連れていってくれる。

出会いは「確率論」

大きなビジョンを描くほど、何より大事になるのは「仲間」だ。一方へ偏りすぎているときに、指摘してくれるのも仲間だ。かけ算を可能にしてくれるのも、多様な意見を戦わせてくれる仲間がいてこそだ。

しかし、やはり多くのケース、仲間探し、仲間選びに苦労する。私の周りの起業している友人たちも、価値観やゴールを本当の意味で共有できるパートナー探しに苦戦し、素晴らしい志や能力が、途中で途絶えてしまうのを見てきた。

私自身、途上国で、詐欺や汚職も多い中、信じていた人から裏切られて失望する経験も幾度となくしてきたが、現在、生産地と販売地が10カ国になっていて、どの国にも心から信頼できるパートナーがいる。それはなぜか。

私の答えはシンプルだ。

「出会うまで出会いを求め、探し続ける」

出会いとは、単純に確率論なのだ。

バングラデシュの元工場長は、２００人の履歴書を見た後、最後に応募してきた人物だ。


「この国で絶対に成し遂げたい」というゴールが描けたら、そこに一緒に向かっていけるパートナーを探す。どんな国でも、あきらめずに探す。こんなところにいるはずない、とあきらめたら終わり。

「このままではダメだ。自分たちは変わっていかなければ」と志をもっている人はどこかに必ずいる。「あと一人、もう一人」と、粘り強く会っていく。すると自分と同じような「理想」をもっている人と、不思議と出会えるのだ。

人を探すことには、時間をかける。時間をかけることは、誰にとっても平等な手段だ。


「いいパートナーがなかなかいなくて……」

職場の同僚や上司とうまくいかない人や、起業した人たちの多くが、そこに悩んでいるように思う。

「じゃあ何人面接したの？」「何人に自分の夢を話したの？」１００人でダメなら２００人会ったらどうか。とってもシンプルだ。

そもそも〝最高の出会い〟なんてものは、そんなに簡単に起こるわけがない。

出会えるまで出会い続ける人に、最高の出会いは降ってくるのだ。

3.「共感」から「競争」のステージへ

私はとにかく手を動かしながら、マザーハウスの社会的な理念とビジネスの両立について考えを深めてきた。

事実として、マザーハウスの商品を買ってくださるお客様の7割が、購入時点では商品にまつわるストーリーを知らない。

たまたま気に入った商品の背景に途上国があった。商品を持ち帰った後にウェブサイトやメルマガを通じて初めて知るストーリー。この順番だ。すごくうれしい。

起業当初は、お客様の100%が応援してくださる方々だった。つまり、私のビジョン、ストーリーに賛同したという動機で、大切なお金を支払ってくれた方々。

しかし、それは一つの小さな円の中で行われる商店であり、ビジネスではなかったと思っている。

ストーリーに共感し、「応援したい」という動機でモノを買ってくれる。

このステージで達成できるのは、売り上げ規模としてせいぜい1億円程度だと思う。

次に、店を増やしていった。「コンセプト共感」から「モノ共感」へ移行したステージだ。

私が好きなチーズケーキにたとえて説明してみよう。東京に1店舗しかない、オリジナリティのあるチーズを使った、チーズケーキ屋さんがあるとする。

マイナーなエリアにあり、駅から徒歩15分もかかるのに、長い列ができていつも満員。並ぶ人の全員が、そのチーズケーキを知ってわざわざ来ている「目的客」だ。

しかし、このお店が百貨店のデパ地下食品売り場のスイーツコーナーに出店する場合、お客様の多くは「通りすがり」の方になる。

路面店でやっていた情熱的なチーズのつくり方を説明する余裕もなく、「見ただけで美味しそうと思えるか？」が厳しく問われる。その時間は、２秒ぐらいだ。

家路を急ぐお客様に瞬間的に伝わる情報ってなんだろう？　サイズが限られたショーケースの中で、どうケーキを並べたらいいのか。

「競争に勝つ」ために考えなければならないことは山ほどある。迷っている間に、隣のライバル店にお客はどんどん流れていく。

しかし、この厳しさが「円を大きくすること」であり、本当の意味で「お客様に選ばれること」だと思っている。


私たちマザーハウスは、「コンセプトがいい」とよく言ってもらえる。しかし、それで商売が成り立つほどビジネスは甘くない。

背景のよさでモノを買えるには、金額の限界がある。私たちの商品の単価は2万円から高いものは8万円程度。それをコンセプトだけで推し進める限界は起業1年目ですぐに痛感した。

最終的にお金と引き換えにお客様が求められるものは、自分にとってメリットがあるものだ。当然だ。

似合うか、使えるか、役に立つか、
テンションが上がるか、人から褒められるか。
当たり前だが、お金と引き換えに欲しいものは、

自分へのメリットだ。
それを提供できて初めて競争のスタート地点に立つ。

ともすると創業期には、最初の「共感してくれるお客様」層の中に留まる傾向がある。それは心地よく、周りは味方ばかりだ。けれども、本当にビジョンを達成したいならば、そこからぐぐっと大きな外周へ出る勇気と覚悟が必要だ。

そこで初めて個人商店から組織へ、単品からブランドの世界観へ、階段をのぼることができる。それは痛みを伴うが、社会へ発信したいメッセージがあるならば、避けてはいけない。

私の場合、「商品をよくしたい」そんな思いがその痛みを耐えさせてくれた。

コンセプトを大事にして活動をスタートさせ、ニッチなポジションでも個性を大事にする。個性あるお客様と強くつながる。

次に、通りすがりの人の目にさらされる環境にあえて飛び込んでいく。

そして次の段階では、さらに高みを目指して、一流の場所に自分たちの身を置く。

これが、私たちが選んできた道だ。

「どの土俵で戦うか」を間違えない

ここで「一等地で競争する意味」について、もう少し掘り下げてみようと思う。

自分の思いが詰まった商品を一等地に送り出すのには勇気が要る。正直、ちょっと怖いと、かつての私は思っていた。

でも、覚悟を決めて挑戦してみたら、わかったことがたくさんあった。

一等地で挑むからこそ、商品の競争力を増す必要性、接客レベル向上の必要性、外部環境を読む力を磨く必要性などさまざまな課題に直面し、「総合力」を鍛えられる。

マザーハウスの店舗第1号を構えた場所は、東京でも下町の雰囲気漂う入谷《いりや》。ここはここで、私たちらしい色が出せる主戦場として気に入っていた。

オンラインショップとリアル店舗一つあれば、十分じゃない？　マザーハウスの世界観をわかってくれるファンも少しずつ増えてきて、わざわざ足を運んでくれるのだし。

インターネット通販の普及が勢いを増し、「ミニマムにビジネスをする」のが流行っていた時期でもあったから、私も一瞬流されかけた。そして大きくする意味も正直わからなかった。

「いや、そうじゃない」と反対したのは、副社長の山崎だった。

「世界に通用するブランドを本気で目指すのなら、百貨店で挑戦すべきでしょう」

彼の指摘はもっともだったけれど、私はまだ半信半疑だった。

周りにライバル店がなく、何とも比較されない環境に身を置きながら、〝それなりによく見える〟といううぬるま湯に浸かっていたんだって、今ならわかる。

実際に小田急百貨店新宿店のかなりいい場所に4号店である当時初の百貨店内店舗を構えたときには、まさに冷水を浴びせられる思いがした。隣接する他ブランドの店舗と比べて、なんと店装が未熟か。レジのオペレーションも遅すぎる。その差は歴然で、お客様は正直だ。ハイレベルなステージに並んだ途端、「完敗」だった。
売り方だけじゃない。商品の力も完全に負けていた。デザインも、縫製も、価格も、
全然足りない！

何を変えるべきか、一つひとつ見直しせざるを得なかった。
「負けを認めること」から、私たちは何度も学び、成長してきた。

現実と向き合い、競争にさらされる。
打ちのめされる。
負けを認める。
そこから自分の強みを知り、結果的に理想を追求できる。

さらに大事なのは、「戦う土俵の選択」だ。

これは、強調しすぎても、足りないぐらい「とっても大事なこと」だ。
一歩間違えると、「がんばっても報われない」現象を生む。

私たちが入谷の店舗が大きな利益を生むまでがんばり続けようと、ある意味誠実に見える方向性に舵取りをしていたならば、おそらく数年間は工場のがんばりは報われなかっただろうと思う。

「適切なる競争の舞台を探すこと」は、実は、競争に勝つことよりもずっと大事なのだが、あまり意識されない。コンフォートゾーンから飛び出して競争現場に出ていくことは、自らの学習機会を得ることと同義だ。

「今自分がいる舞台の選定・設定は、本当に正しい？」一度それを問い直してみよう。

ゴールをすり合わせる

途上国に暮らす人々を、ビジネスパートナーとして信頼し、関係性を築いていく。そのプロセスの中で私が大切にしてきたのが、「ゴールのすり合わせ」だ。

それぞれの人や地域の理想や、幸せの価値観、目指すゴールは、人によって違う。

「これを達成したら、ｗｉｎ－ｗｉｎだよね」と突き進んでいた方向が、実は相手の望む先ではなかった。

そんなことがあってはならない。


いくら社会性を重んじる目標を掲げていても、ニーズに合わないのなら意味がない。

たとえば、受注をたくさん受ければ受けるほどにつくり手がハッピーになるとは限らない。

「一日のうち半分は田んぼで農作業しながら、ものづくりをしたい」とバランスを保ってこそ家族の幸せが守られる、という人だっている。

数の達成よりも、いつか日本で働けることを夢見ている職人もいる。

社会性を目指すといっても、その形は無限に多様なんだ。

注意深く、相手の価値観を聞きながら、共に目指せるゴールを探っていく。本人だけでなく家族に意見を聞くこともある。

その人が働くことへの誇りを何によって得られるのか、周りはどんな期待をしているのか、じっくりと耳を傾ける。結構、ミクロで地道なプロセス。つくづく、〝聞く力〟が試されるなぁと思う。

ただし、彼らが描いている理想の世界が、無意識のうちに誰かの恣意によって刷り込まれていたもので、実は彼らの生活に無理が生じる可能性があるというケースも、たまに紛れている。

そのときは、少しずつ話をしながら、つくりながら、社会性のある目標をチューニングしていく。

ときには、真っ向から否定もする。

先細りになるとわかりきっているお土産品をなんとなくつくり続けてきた村に対して、「今のままではうまくいかない」とハッキリ告げる。

インドネシアの古都、ジョグジャカルタの小さな村で、線細工という繊細な手仕事に出会ったときも、私は可能性を感じたからこそ、「これまでのやり方は捨ててほしい」という話をした。

「この素晴らしい技術を、シルバーではなくゴールドで挑戦してほしい」と。

同時に、「もしも本当に高品質なものをつくってくれたら、販売の責任はこっちがもつ」と約束をした。

彼らにとっても、今までの延長線上ではない〝新しい挑戦〟。その伴走者に立候補することがすごく大事。

そして、その伴走は、遠隔からのメールやファクスでは到底できない。だから、私は現場にずっと張り付く。

社会へのインパクトはビジネスの大きさに比例する

叶えたい目標や実現したい社会のイメージがあるのなら、なおさら、自分たちの経済力を確実につけること以外、道はない。

私たちは最近、バングラデシュに巨大な敷地を買った。これまでにない投資金額であり、完成予定の2021年には、間違いなくバングラデシュ、あるいは途上国において、「工場の概念を覆す、〝第2の家〟たる工場」になると思う。

そこには働く従業員だけではなく、地元の人にも開かれた空間を一部設けている。屋台や、学校、託児所なども完備したい。

しかし、そんな社会性のある夢をようやく実現できるのは、みんなが必死に、コツコツと「製造小売」という地道なビジネスを重ねていってくれたおかげ。

「ビジネスのことが大事だ」ということと、
「社会貢献を大切にする」ということは矛盾しない。
ビジネスが大きくなればなるほど、
よりよい社会のために動けるより大きなパワーを
企業はもてるはずだ。

企業が公の利益を目指す精神性を帯びれば、きっとそこには魅力的な人材が集まってくる。

ビジネスの広がりは、数字だけでなく質的な幸福を、関わるすべての人にもたらす可能性を秘めている。

経済性が社会性の実現に欠かせないものであるのと同時に、社会性は魅力的な人材確保、お客様からの信頼などの面で経済性に強くプラスに働いている。


経済性と社会性がスパイラル状にかけ算しながら前に進むことができれば、少し大げさかもしれないが、資本主義には新しい光がさすかもしれない。

経済力が社会を変える

企業のもつ影響力はとても大きい。そして企業が利潤の追求だけに走らずに、公共性をもてるようになるためには、起業家や経営者のビジョンや、社会的使命感が重要になってくる。

世界を見渡すと、故スティーブ・ジョブス氏にしても、孫正義氏にしても、「社会をどうしていくか」「未来をどうつくるか」というのが思考の中心だった。

経営者がそうした「よりよい社会」へのビジョンを明確にもっていれば、企業の利益と社会性は矛盾しない。

それどころか、経済力を備えた企業が本気で社会を変えたいと思えば、もっとも効率的にもっともパワフルに社会的なアクションを実施できるだろう。企業は日々競争にさらされて生き残りをかけて戦略を立て、財やサービスを提供している主体だから。

企業が「よりよい社会」に対してコミットする。
本業のビジョンとして、「よりよい社会」とは何かを描く。
それが、人間が次に進むべき
新しい資本主義の形ではないだろうか。

本業とは別の事業ととらえられがちな「ＣＳＲ（企業の社会的責任）」という枠組みではなく、「本業のビジョンとして」描くことが大切だ。

私はまだ13年しか経営者の経験がなく、偉そうなことは言えないが、サードウェイの視点を特に共有したいのは、中小企業の経営者の方々だ。日本にはたくさんの中小企業が存在する。大きな企業はすでにさまざまな視点から「社会に見られている」ため、活発に社会的アクションを起こしている。

しかし、中小企業こそ、自分たちの企業という小さな枠の中での利益追求を超えて、所属するコミュニティ、地域、さらには社会全体を経営する、デザインするという意識をもつべきだと私は思う。

そんなことは当たり前かもしれない。しかし、競争に勝とうとするために余裕がないことも理解できるが、日本の企業においては特に「自分たちのビジネスをどうするか」だけにとらわれすぎている感覚がある。

何のために勝つのか。
何のために私たちは利益を上げるのか。
企業の利益の先に、何を夢見ているのだろうか。

経営者が変われば、企業は絶対に変わっていく。社会的ビジョンをもった経営者、それが真の社会起業家であり、現在のような「一部の人」を指す言葉ではないはずだ。なぜなら本当に社会を変えるエネルギー源は、経済力だから。これは私の信念に近い。

第1章のポイント

「ビジネス」の力が「社会性」の力になる。
「社会性」がビジネスの後押しになる

・自分の理想やビジョンを「小分け」して、定点観測をしてみると行動しやすくなる。新しい夢が生まれたらどんどん追加すればいい。
・ビジョンは大きいほうがうまくいく。小さすぎるとモチベーションが続かず、事業を大きくする想像力がふくらまない。
・誰かが損をしないと資本主義は回らないという考えから抜け出そう。社会性とビジネスをかけ算すればお客様はついてきてくれる。
・幸せのゴールは人によって違う。みんなの理想を確かめ合う「ゴールのすり合わせ」をしよう。

第 **2** 章

デザインと経営のサードウェイ

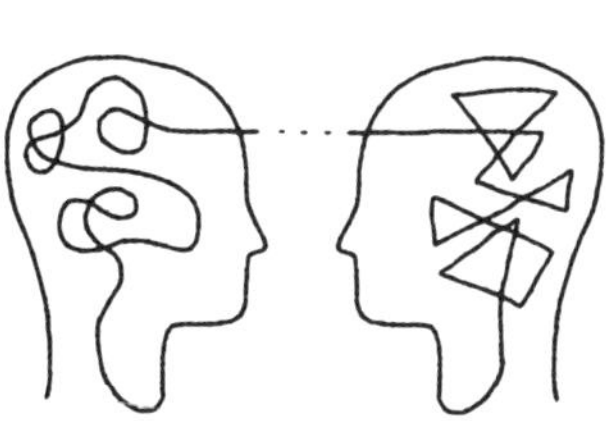

1. 何のためにつくるのか？

私の肩書きは二つある。

「代表取締役社長」と「チーフデザイナー」。
経営とデザイン。ロジカルとクリエイティブ。
対極にあってケンカしやすい二つの立場が、私の中で同居している。

最初からそうなろうと、ねらっていたわけではない。

社長になったのは、勢いでつくったバングラデシュ製のバッグを売るために会社の登記が必要になったからだったし、デザイナーの役割を担うようになったのは、「いいものをつくらなければならない。自分しかいない」という現実的な必要性から生まれた。

もともと手を動かすのが好きで、口よりも手で自己表現するタイプだったけれど、デザインが本業になるとはまったく思っていなかった。

バングラデシュの工場にバッグ製作を依頼するようになった当初は、日本で知り合った外部デザイナーにデザイン画を描いてもらい、バングラデシュの工場に持ち込んで渡していた。

「かっこいいデザイン！　完成が楽しみだなぁ」。つくってもらったデザイン画をもとに、ワクワクしながらとりかかる。ところが、現場でつくり始めると、なかなか絵の通りにはいかないことが多かった。

そもそも日本とバングラデシュでは、革を切る道具も、型紙として使用する紙の硬さも、持ち手の中に入れる紐の材質も、全部異なっていた。

そしてバッグの概念も、現地では「荷物を入れるもの」という価値観。日本のように「ファッションアイテム」という要素が加わると、価値観の違いが立ちはだかった。

「なんで裏地が必要なのか？」
「なぜポケットが必要なのか？」

現地では、そんな質問を受ける。実用性とファッション性のギャップ。現地の職人は絵を見ながらなんとかバッグをつくるが、何度やっても、自分のイメージと違うものができあがる。
「デザイン画を描き直してもらいたい」と思うけれど、そのためだけに日本に帰国してまたバングラデシュに戻ってくるのは、どう考えても非現実的。国際電話をかけようにも、電波状況もよろしくない。

こういうのって、現場ですぐに判断できないと埒が明かないよね？
それができるのって、私しかいないよね……？

必要に迫られて、私は「デザイナー」にならざるを得なかったのだ。

と言っても、クールなオフィスでサラサラと絵を描くような姿はほぼゼロ。ひたすら、工場に張り付いて、バッグの模型になる「型紙」からつくり始めた。

専門学校を出たわけでもない私は、とりあえず、工場のみんながつくったものをバラバラに解体することから始めた。そして、バッグの模型となる「型紙」づくりから着手した。

型紙は厚紙でつくるが、それができたら革を裁断する、縫製する、組み立てる。気がつくと、型紙からバッグづくりまでできるようになり、これまで作成してきた数は4000種類を超えた。

二つの視点から見えるもの

必要に迫られてデザイン、というべきか、ものづくりを始めた私。でも、その奥深さや過酷さ、尊さはまったくわかっていなかった。

春夏、秋冬と大きくは年に2回、バッグの新作を出す。コンセプトづくりから販売に至るまで、1年以上かかる場合が多い。

経営をしながら商品をデザインする。これは、右脳と左脳の両方が真反対の方向に働く作業だ。最初の数年は頭が混乱して、自分の中に二つの人格が現れて、常にケンカしていた。

「こんなものをつくりたいな！」とデザイナーの私が言うと、「原価率は？ 生産効率は？ 今は素材に投資すべきじゃないよ」と経営者の私が質問を投げかける。

表現をしたい自分と、それを押さえつける自分は、共存できないと思っていた。

苦しくて仕方がなかった。ファッション業界のデザイナーの先輩からは「クリエーションに集中しないなんて、デザイナーとして一流にはなれないだろう」と言われたこともあった。副社長の山崎に思い切って告白した。

「社長を交代してほしい。私はデザインに集中したい。ものがすべてなんだ。だからデザインでこの会社を牽引できるように私から代表という肩書きを外してほしい」

彼は「二つやることで見えてくるものがあるはずだよ。それにこの会社は山口の思いで生まれたんじゃないか」と言った。

私は葛藤をもち続けながら、それでもバッグ、ジュエリー、アパレルとすべてのデザインの99％をやり続けてきた。

その先に見えたこと。それは——。

経営とデザインは、二項対立ではない。
両者をかけ算して初めて、
ブランドがらせん階段のように一歩一歩成長できる。
そして、二つの視点からプロダクトや組織を見ることで、
ベストな判断ができる。

経営にデザイン的思考は必ず必要で、デザインに経営的思考は欠かせない。

サードウェイ的視点がなければ、どちらか一方に偏っていたが、今は、両方やってきて本当によかったと思っている。

売り上げは幸福の総計

そもそも、デザインと経営が二項対立ではないと、本当に心から腑に落ちたのは、「なぜモノをつくるのか?」という問いからだった。
デザイナーのゴールとは自己表現なのだろうか?
それならばアーティストとどう違うのか?

私はいつも悩んでいたが、ずっと消えない思いがあった。
「お客さんに届かなければ工場のみんなのがんばりは報われないなあ」という素直な気持ち。

デザイナーは、「モノをお客様に届ける」のが最終ゴールだ。
ブランドの世界観をプロダクトで表現することや、
自分の主張を表現することではない。

たとえ世界観が達成できても、それが、お客様の手に届くことが結果的にできなければ、少し荒っぽい言い方だけれど、ゴミを生産しているのと、何ら変わらない。

だからこそ、私は、「結果にこだわる」ことが何よりも大事だと思ってきた。

売り上げをデザイナーが意識することは、とても大事だと思っている。

私は、毎日お店の日報を見ているけれど、新作が出た日の日報は、今でも怖くて直視できない。


売り上げは、つくったものがお客様の手に届いている総計。デザインによって生まれた幸福の総計なんだ。


売り上げではなく、世界観や自己表現を最上位のゴールに置いていた自分は、大きなものから逃げていた気がする。

そんな私のこだわりは、モノから店舗空間へと自然と拡大していった。

「このバッグはどのような店舗で、どのような棚で、その棚はどんな色であるべきか？」

今でも店舗設計のスタッフと共に、お店づくりに深く関わっている（私たちのこだわりは強く、什器を発注していた工房を吸収合併してしまったほど！）。

そして、お店の次にはこんな問いが生まれる。

「そこでお客様に対してお話をするスタッフは、どんな人であるべきだろうか？」

最後にお客様に手渡しするのは、人なのだ。せっかくお店も商品もいいのに、接客でがっかりした経験は誰にでもある。

私たちは、販売スタッフのことを「ストーリーテラー」と呼んでいる。モノを売るだけではなく、商品の背景にある思いをお客様に伝える伝道師だ。

今、私たちは8割の正社員比率だが、小売にしては異常なこの比率には、やはり「モノを届けるのがゴール」という精神が強く流れている。

そうなると、チームづくりや、採用計画、人事制度と、徐々にこだわりが派生していった。

その道のりはとても長いが、私は思った。「結果にこだわることで、利益は、循環して、またものづくりの自由度を増してくれる」と。

引っ張り合いながら、上へ上へ

イメージするなら、私の中に経営者とデザイナーという二人の人間がいて、いつも綱引きをしている感じ。

経営者としての自分に引っ張られ、
デザイナーとしての自分に引っ張られ、
綱はより強く、しなやかになる。
そして、ピンと張られた緊張感を保ったまま、
上へ上へと少しずつのぼっていく。

大事なのは、それらが引っ張り合うことであって、決してテンションを緩めて「妥協点」や「最適なバランス」を見つけようとしているわけではない、ということだ。

二つの軸からものごとを見て、かけ算で意思決定する感覚に近い。

お店を回るときにも、私は数字と直観の両方の視点で、売り場を眺める。

「この時期にはどんな商品がどれだけ売れて、次に売れるのはこれだから、こんな配置にしました」というふうに、ロジックで計算されただけでは、売り場はどこかチグハグになる。

頭では理解できても、感覚的になんか変。どこか美しくない。

そこに立った瞬間に、心がふわっと浮き立って、ぐるっとお店を回りたくなる。そんなパワーを宿らせるには、ロジックだけじゃ足りないのだ。

このときに、「こっちのほうが美しいから」とロジックを覆せるほどの感覚を持ち合わせていれば、より精度の高い決定が早くできる。

「もう少しこっちかな。いや、行きすぎじゃない？　じゃ、このあたりでやってみようか」と、一人の人間の中で両極の視点を戦わせながら、私はものごとを決めている。

もう一つ大事なことは、意思決定を伝える際、デザインの視点と経営の視点の両方からチームに共有することだ。

人間だから、ロジックから理解できる人もいるし、文字や数字ばかりだとスムーズに消化できない人も、一枚のビジュアルなら納得できる人もいる。両方のアプローチからコミュニケーションを心がけ、あるいはその場その場で、使いやすいカードを出していく。大きい組織ほど、両方が必要になることを忘れてはいけない。

2. 自分の感性を信じる勇気

私はもともと、誰かと対面して言葉を交わして自分を表現することがすごく苦手だった。

マザーハウスを立ち上げる前、インターンとして働いていた会社の歓送迎会に呼ばれたとき、焼肉を囲んで談笑するみんなの輪に最後まで入れず、思わず泣き出してしまったことがある。

大学時代のゼミの同級生は、「山口さんって、すごく目立たなくて、おとなしい人だったよね」と言う。高校時代は柔道に打ち込んでいた私は、大学に入ってからの勉強についていくのに必死で、何か言葉を発するとバカにされるんじゃないかと怖れていた。

さらにさかのぼると、小学生の頃には集団生活になじめず、まともに小学校に通えなかった。

「前にならえ！」という号令をかけられると、「どうしてみんな一斉に同じポーズをとらないといけないの？」と思って動けなくなる。授業中も苦痛で、机の下にもぐりたくなる。

「行ってきます」と家を出ても寄り道して、途中の空き地で時間をつぶすような〝問題児〟だった。

心配した親は、私をさまざまな施設に連れて行ってくれたし、私以上に悩ませてしまった。いろいろなところに相談していたようだ。

言葉では表すことができなくても、私には主張したいことや表現したいことが山ほどあった。

学校に行かず、誰とも話さず、発散したい気持ちは、手を動かして表現していた。絵を描いたり、粘土をこねたり。自分の手が何かの形をつくり上げていくことで、私は自分が生きていることを確かめていたのかもしれない。

手作業で心を癒やした原体験があったから、バングラデシュの工場で〝ものづくりの音〟を聞いたとき、なんだか自分の原点に立ち返った気がした。

手を動かしながら考え続ける

手を動かすのが好き。静かにモノと真っ正面から向き合っていたい。

手を動かして素材と対話することによって見えてくるものがたくさんあるから、私はまず自分の主観に従って、手からはじめる。

でも当然ながら、「つくりっぱなし」「ひとりよがりの自己表現」ではビジネスにならない。

手を動かしながら、

「何をつくるか」「何のためにつくるか」を

頭で考え続ける。

その両輪を自分の中で回し続けられれば、手と頭の二つの視点は必ずどこかで交差して答えを見つけられるように思う。

感覚的には手を動かし始めた先に、頭が動いてくるのだと思う。

一生懸命に型紙の技術をマスターし、革のなめし方も、縫製のノウハウも取得しても、その時代に対して「何のためにつくるか」「何をつくるか」という問いが的外れな場合、どんなにがんばっても報われない。

手から動かすということは、最初の段階では、私は、自分の主観から、スタートしている。

自分が心から好きなもの、おもしろがれるもの、
美しいと感じられるものは何か？
これからは〝主観〟の時代になる。

主観は人によって違うものだから、私のそれがどれだけ受け入れられるのかは発信

してみないとわからないし、それは本当に覚悟がいる。年数を重ねるほどにそう強く思うようになった。

今でも時間が空けばフラッと散歩に出かけて、1時間くらい歩きながら、自分が心から美しいと思う自然や情景を考える。

情報が洪水みたいに押し寄せてくる日常からあえて離れて、一人になれる時間を少しでももってみる。何をつくりたいか、なぜつくりたいのか、何をつくるか。その問いにずっと向き合いながら、自分の本心にある「何か」を探る行為から逃げてきたことはない。

インターネットやピンタレストにアイディアのヒントは転がっている。

しかし、それらは「HOW TO」で役に立つことはあっても、「WHY」や「WHAT」、なぜつくるのか、何をつくるのか、にはまったく貢献しないどころか、主観を見つめる時間を邪魔してしまう大きな障害だ。

ただ、今でこそそんなふうに言えるようになったが、実は、デザイナーになりたての頃は、主観なんて持つ能力がなかったし、自信ももてなかった。私のスタートは、「お客様の声を聞く」というスタンスから始まった。

そんな揺れ動いていた時期のことを、告白したい。

主観とお客様の声のはざまで

現在、デザイン、企画、製造に関わる多くの企業が、商品企画の段階で「顧客分析」をしている。お客様は誰で、どんな特性があり、何を求めているか。顧客分析を通して、お客様の要望を的確にとらえ、タイミングを計って、望まれるものを市場に投入する。

「お客様のことを真剣に考える」。その言葉は、非常にきれいで、ある意味では正しい姿勢だと思う。

私たち自身も起業して2、3年は、とにかく「お客様の声」を聞いた。

「持ち手がもっと長ければ」
「ポケットがここについていたら」
「ボストンバッグが欲しい」

さまざまな声を店舗から吸い上げ、すぐに工場に伝えた。

工場にいる私は、「店舗からの声」を朝礼や、生産フロアで熱量を込めて現地の言葉で伝えた。それは瞬時に効果を表した。

みんなが一体となってお客様から工場までつながっている。そんな気持ちが生まれてこれこそ本当に密な製造小売だ！と興奮していた。予算も達成し、百貨店での売り上げもフロアの最下位から、ぐんぐん上位に食い込んでいった。

しかし、問題はその先にあった。

「お客様の声を聞く」の落とし穴

ある程度の商品が出揃ったある時期から、お客様の声を聞くだけでは成長が続けられないことがわかってきた。

新商品を投入してからの成長が鈍化していき、店舗も目に慣れた色や形が並び、なんとなく「活気」や「新鮮さ」がなくなっていった。それは工場も同じだった。技術力がついてきて、ものづくりにも挑戦はなくなった。

そんなとき、ふと思った。

「お客様の声を拾い上げるだけではもう足りない」

不満を解消するだけでは、

これ以上先には進めないのかもしれない。

本当の意味での「デザイナー」になれ。

誰かにそう言われている気がして、揺さぶられた。

海外のトップデザイナーの作品を真剣に見るようにもなったのも、この頃だったと思う。

販売サイドを管理する山崎もまた、これまでの方法では限界だと感じていたようで、「もっと自由に、山口絵理子らしくデザインしてみてほしい」と言ってきた。

「私らしく」と言われても……。

正直私はデザイナーになりたかったわけでもないから、しばらくは何からスタートすべきかわからなかった。

でも、ある講演会の帰り道、大きな花束をもらって、それを持ちながら満員電車に乗っているときに〝降りてきた〟。

「花ビラの形ってバッグの型紙にできるかもしれないな」

そんな突拍子のないアイディアをもって、バングラデシュに行った。

「ねえ、みんな、花ってきれいだよね。花びらの形ってなんだかバッグみたいじゃない？　ここからバッグをつくってみよう」

リアルな花の写真をいくつか印刷してサンプルルームに貼った。

サンプル職人であるモルシェドは最初その発想にキョトンとしていた。しかし、しばらくしてから花びらの形を紙にトレースし始めた。

それを何枚か重ね合わせて、ふくらみがバッグの容量になってきた。

（おもしろい……）

最初にモルシェドが見せてくれたものは蕾みたいな形で、バッグとしては間口がせまくて機能しなかったが、私は言った。

「すっごくおもしろいよ!!」

「もう1週間も夜ずっと考えて……」

疲れ果てているモルシェドだったが、「何か新しいものをつくろう」という今までにない勝負師の顔をしていた。

個人の主観が感動を生む

それから私自身も手を動かし、サンプルルームは花びらの形をした革でいっぱいになった。それから数週間後、ようやく花びらがバッグになった。

それに合わせてジュートや革に染色をした。

赤や黄色の花びら型のバッグ――お客様の声にはまるでなかった色だったし、形だった。

日本で首を長くして待っていた山崎にも見せてみた。彼も「おもしろいな!! やってみよう!!」と一言で大賛成してくれて、私たちは初めて素材に投資して、自分たちの主観だけでつくったモノを提案してみた。


「お客様の声を聞かない」初めての挑戦だった。

〝自分の内側〟を、私は初めてさらけ出した。


ドキドキしながら迎えた発売日。

その日は、一時期はマザーハウスの代名詞のようになり、ロングランヒットとなった「HANABIRA」シリーズの始まりとなった。

自分の内面から生み出したものを、こんなにたくさんの人が買ってくれた——。

そこからはもう夢中になって、デザインの仕事が楽しくてたまらなくなった。

それから夜空や風といった自然をモチーフにしたシリーズなど、私の内発的な感性から生まれた「コンセプトライン」は、シーズンごとに1型、2型と増えていき、今では全体の半分を超えるまでになった。

一連のプロセスを通じて、私はものづくりの楽しさも苦しさも教えてもらった。お客様が想像していないボールを投げることは本当に勇気がいる。

実際に新作の反応が悪く売り上げにつながらず、自分自身が否定されたようにショックで、何日も立ち直れないシーズンもあった。怖くて、はさみが動かせない時期もあった。

それでもこれまで15回、コンセプトラインを半年に一度以上の頻度で、必ず出してきた。

その過程で、「自分の感性を信じてみる勇気」が人々の心を動かし、数字をつくり上げるんだと実感した。

データ分析からつくられるものは
安定したヒットを生み出せるかもしれない。
しかし、それらは人々の心に感動を与えられるだろうか？
数字では計れない感動を生むのは、
個人の主観から生まれる創造なんだと思う。

「マーケットインかプロダクトアウトか」という言葉がある。
お客様の声を大事にする「マーケットイン」。〝主観〟でまずは商品を出してみて、反応を試すという「プロダクトアウト」。

私は、それらは二者択一のものではないと今は思う。ここにも「サードウェイ」は、必ずあるはずだ。

たとえば、フォルムが斬新な「プロダクトアウト」でも、使いやすいポケットを内側につけて、お客様のニーズに応えられる。今までとは違う大胆な機能のバッグでも、色味は最近のお客様の好みに合わせる。

そんなふうに、主観とお客様のニーズをかけ算していくことで、お客様とキャッチボールしている感覚が私にはある。そうやって生まれたアイディアをさらに昇華させていくことが、私なりのサードウェイのものづくりだ。

生産とデザインの間

前章で、私は必要に迫られて途上国の工場からデザインの仕事を始めたことを書いた。

おかげで一般的なデザイナーと比べて、生産設備にも相当生産工程にも相当詳しくなれたと思う。

「こういうデザインにするとつくるのに手間がかかるから、職人から嫌がられるだろうな」というのも生産現場を知っていると、感覚的にわかる。だから、実はとても効率がいい。

一般的なものづくりの現場では、デザイナーが「こんなものをつくりたい」と言っても、工場サイドから「技術的に無理」という返事がくることが多い。デザイナーの思った通りにモノが完成するのは、簡単なことではない。工場側にとっても、デザイナーのコンセプトを理解するのは易しいことではない。でもだからこそ、デザイナーは生産現場を把握すべきだと思う。

私には、「技術的に無理」という言葉の「裏をとる」ことができる。無理と言われれば、「これを使って、こうすればできるしょう?」と答えられる。そのやりとりを通じて、不可能に見えるものごとに革新を生んできた経験がたくさんあった。

大きな会社ほど違う立場の人たちが働く。企画と生産の現場が離れていることも多い。

でも、私は企画と生産が深く結びつき、お互いの意見を戦わせて、行き来しながら行う仕事にこそ、新しいクリエーションが生まれると信じている。

私の場合は、これまでの「業界」のように、デザイナーの依頼に答えるだけの工場から脱して、デザイナーの意図を汲み取り、半歩先をいく工場を目指す。それが日本のものづくりや日本の会社にも求められているのだと思う。

工場をデザインする

ものづくりと経営を行ったり来たりしている私だが、それは工場づくりにおいてもそうだ。

メーカーなどで働いている人以外にはなじみが薄いかもしれないが、工場には「自社工場」と「委託生産」がある。多くの企業の海外生産は、委託生産で行われている。自分の工場をもつと何かとリスクを抱えるし、面倒も増える。慣れない土地で工場を自分たちで運営するのは大変だ。

それでも私は、自分たちの手で、自分たちの工場で、自分たちのクオリティーで、自分たちの商品をつくれるようになりたいと思っていた。

きっかけは生産委託工場との信頼関係が崩壊する事件だった。自分のパスポートが盗まれるなど、悲しい出来事が続いた。

ネガティブなことだったが、「自分の工場だったら、どんな大変なことがあっても、自分のこととしてコントロールできるはず」と腹をくくるキッカケとなった。

そこで、ベンガル語で「マザーハウス」を意味する「MATRIGHOR（マトリゴール）」という工場を立ち上げた。といっても、最初は3人の商品開発ルーム。小さい工場で、ミシンだって1台しかなかった。

首都ダッカの隅っこで、ジュートや革を手に、朝から晩まで私は型紙をつくってはサンプルをつくっていた。あの当時、私の給与は月10万円だった。バングラデシュだから生活できるようなベンチャーの中のベンチャーだった。

それでもこの小さな工場は将来、バングラデシュをきっと代表するものになる。そのためには、自分のものづくりのレベルを上げることが何よりも優先だ――。そう思っていた。

新しい社員を一人呼んできて、もう一人呼んできて、職人さんが職人さんを呼び、工場で借りていた部屋を5坪から20坪、20坪から50坪、少しずつ大きくなっていった。

今現在マトリゴール工場は首都ダッカから車で2時間離れたシャバールという場所に拠点を移し、総勢２５０名のベンガル人職人が腕を磨きながら月１万個以上のバッグを生産し、日本や台湾、香港、シンガポールに向けて出荷している。

3. ヒト・モノ・カネを調和させる

ここまでは、デザイナーに軸足を置いてきた中で、経営者としての視点が生きてきたことをお伝えしてきた。一方で経営者としてデザイナーの視点が生きてきたと感じることもある。

最近、経営においてもデザイン思考を取り入れようという考えが潮流だ。アップルの故スティーブ・ジョブス氏が最たるものだが、経営において、デザインとは、まさに欠かせないもので、その本質は受け手によってかなり異なるように思う。単純に「右脳」や「感覚」を大事にすることとは違うと私は思う。

経営においてデザイン思考をもつというのは、私の中で主に二つの軸がある。

①非言語、非数値の事柄に対して、価値を認識し、

投資などの経営判断に用いること
②経営に関わるヒト・モノ・カネすべての要素の調和をデザインすること

次から、もう少し詳しく説明したい。

数字や言葉にできない価値を感じる

日本の経営者は、とにかく「数字にできないものごと」への恐怖心が大きい。数字はとても強く、論理的で、関係者すべてが納得できる共通言語だ。

しかし、企業の資産や価値は、すべてが数字に表されるだろうか？　数値化できないものに対して、「投資しよう」と判断できる経営者はどれくらいいるだろうか？

一方で、ヨーロッパの経営者はそこが非常に優れているように思う。ビッグメゾンのデザイナーへの年俸が莫大なことからもわかるように、クリエイティブに対する投資、そのスケールや考え方を日本は参考にしたほうがいい。

私たちも小さい企業ながら、「数字に見えない価値」に対してできる限り投資してきた。たとえば、「ファクトリービジット」という研修制度がある。店長クラスのスタッフが、生産地を訪れ、1週間で素材から生産工程を経験し、現地の職人たちと交流をするという企画だ。

現在は、生産地も増え、店長以外のスタッフも行くようになってきているが、将来的には全スタッフが参加できるようにするという計画だ。

私たちが人材育成でもっとも投資をしている制度だが、これは数字で研修の効果を測定することなどできない。

もしかしたら、ただのピクニックに終わってしまう可能性もある。この制度を実施した当初は、たくさんの議論もした。しかし、私たちはこう考える。

生産の現場を体験する研修は、
売り上げなどの数字には直結しない。
でも、長期的には必ずみんなのモチベーションになる。

人生の中での何らかの気づきになる。人としての成長が見込める。

もう一つ、小さい制度だが、「アート補助金」というものがある。

これは美術館や博物館にスタッフが行くときのチケット代を経費申請できるという制度だ。わずかな支援だが、美しいものに触れることで、働くスタッフが少しでも美的感覚を育んでくれたらいいなと思っている。

違和感を無視しない

私はデザイナーであるからかもしれないが、経営をしていて時々思うことがある。

「なんだか、ちぐはぐなんだよねえ〜」と。

経営とは、企業やブランドを一つの有機体としてとらえ、それを構成するすべての要素が美しく調和がとれるようにする行為だと私は考えている（調和とは均衡点ではなく、サードウェイで言うならば、らせん階段状に成長するための通過点ではあるが）。

では、具体的にはどんな要素があるだろうか。

経営の本では当たり前だが、4P［プライス（価格）、プレイス（場所）、プロモーション（販促）、プロダクト（商品）］と、3C［カスタマー（お客様）、カンパニー（会社）、コミュニティ（本当はコンペティター（競合・市場）なのだが、私はコミュニティだと考えている）］だ。

これらの要素がうまく調和していることがとても大事なのだが、そこの違和感に気づく感性を経営者やマネージャーはもっていないといけない。

私はデザイナーとして、〝素材〟〝カラー〟〝形〟〝機能〟の調和をひたすら考えてきたため、経営でもその思考がすごく生きていると感じる。

スタッフは順調に成長しているのに、なんだか閉塞感があるのはなんでだろう？　新規のチャレンジが少なくなってきているんじゃないか？

商品と販促は、ものすごい勢いでよくなっている。でも店舗空間だけが、少し足並みが揃っていない。今の商品と棚の色が合っていない。

そんな感覚を大事にしている。

人間が理由なく「感じる」ストレスや違和感は非常に大事だ。

その感覚を無視しない。

しっかりと受け止めて、「なぜそう思うか？」を考えてみる。


そうすると、少しだけバラバラなピースが見つかるはずだ。そのピースをはめようとすると、異なるピースが外れてしまうこともある。

でもそれが「生きている経営」なんだと私は思う。少しずつピースをはめ直し、調和を追い求め、らせん階段をのぼる。

のぼった先に、今より少しでもよい、調和がある。そこには関わる人たちが、今よりもっと、笑顔になってくれることを目指して。

組織の調和をデザインする

今年から、マザーハウスは「代表取締役2人組体制」になった。

私と一緒に船の舵取りをする山崎は、慶應義塾大学のゼミの先輩で、会社の形になっていない頃から私の夢を「おもしろい」と聞いてくれて、背中を押し続けてくれたビジネスパートナー。

ゴールドマン・サックス証券エコノミストという輝かしい肩書きを捨てて、マザーハウスに参画してきたという、勇気ある人だ。

思い先行で、バングラデシュの事業を始めてしまった私に、「ビジネスとはね」と骨格を教えてくれたのも山崎だったし、入社してからは販売サイドの指揮役になってくれたのも彼だ。

私が〝つくる人〟ならば、彼は〝売る人〟。

「早く商品を供給してくれよ。なんでそんなに遅いのか理解できない」「工場の現場を知らないくせに！」というケンカをどれだけ繰り返しただろう。

ぶつかり合って、議論がなかなか嚙み合わない。理解し合うのに5年かかった。だからこそ、今はお互いの立場のバランスをとりながら相談し合える同志になれた。

山崎いわく、私と彼はいい意味で正反対のポジションをとっているらしい。

「山口は0から1をつくるのが得意。僕は、0から1を生み出す力はないけれど、山口が生んだ1を5や10、１００に広げることができる」。そんなふうに2人のことを表現する。

たしかにそうかもしれない。

私はスタートの思いは強くて、「こうなりたい。ここまで行きたい」とゴールも明確。ただし、その間のプランはうまく立てられない。

スタートとゴールの間を埋めるプロセスをどうつくるのがいちばん合理的で効率的か、ゴールまでのステップを考えてくれるのが山崎。

彼はこんなことも言っていたらしい。

「山口ほど結果にこだわる人はいない。サッカー経験のある僕は多少結果がダメでも『プロセスさえよければ、よい試合だったと讃え合おうよ』とチームワーク重視のとらえ方をするけれど、柔道に打ち込んできた山口は『負けは負け。勝たないと意味がないよね』とバッサリ斬る」

たしかにそうだよね、と思わず笑ってしまった（私は高校時代に柔道全日本ジュニアオリンピック7位に入賞している）。

私が結果にこだわるのは、たぶん、〝つくる人〟だから。せっかくつくったのに誰にも使われなかったら、「なんでつくったの？」と消化できない気持ちが残る。

一方で、日本のオフィスを守っている時間が私よりも圧倒的に長い彼は、重視したくなるものが違うんだろうな、と想像する。

販売サイドを見ている山崎は数字を管理するのが得意だから、私がエモーショナルになりすぎていると、絶妙なタイミングで声をかけて引き戻してくれる。

これが日常と思われがちだけれど、実は、立場が逆転することも割と多い。

情深いところがある彼は、社員の前で話しながらよく泣く。隣で聞いていて「あ、今日はずいぶん感情に引っ張られているな」と感じたら、私はデータの話を淡々としたり、意図的に対極にいようとしている。

山崎もそれをよくわかっていて、最近はほぼ反射的に役割分担ができるようになってきた。

スポーツのディフェンスとオフェンスがゲームごとに入れ替わるように、役割を交換できるパートナーがいる。

強みが異なり、それを尊重し合えるパートナーを得たことは、なんて幸運なことだろう。

0-1の人、1-10の人、10-100の人

私と山崎のケースはあまりにもラッキーな組み合わせかもしれない。つくる人と育てる人が、密度濃くやりとりできることは、非常に強固なチームをつくる。

つくる人と育てる人という二つの軸は、言葉を換えると「0を1にする人」と「1を10にする人」とも言える。私たちの会社では「0-1の人」「1-10の人」「10-100の人」という分類をする。

「0－1の人」とは私のような人。山崎はよく「落下傘部隊」だと笑う。何もない未開拓な地や、新天地に突撃し、種をまいたり、平地に道をつくったり、仲間を見つけたりする。

「1を10にする人」は、できた道を道として機能するように整える人。まだまだデコボコで穴があったりもする道を、人が歩けるように仕上げ、適切な道幅を設け、自分たち以外の人にも解放する。

「10を100にする人」は人が歩ける道をさらに長く、そして必要に応じて信号を設け、標識を設け、歩道と車道を分けて、さらにはまわりに街までも形成していく人たち。

あなた自身はどのカテゴリーに属するだろうか？
また、あなたの組織にはこの3つのカテゴリーの人たちがどれくらいの比率でいるだろうか？
私の経験上、この比率が組織のキャラクターを決定する。

「10を１００」にする人たちが99％の場合、組織は安定しているが、新しいチャレンジは生まれず、未来を切り開く息吹に乏しいかもしれない。

一方で、「０を１にする人」ばかりしかいないとき、組織は崩壊してしまう。私みたいな人たちばかりの組織だったら、どんな経営者も辞めたくなるだろう。

大事なのは３つの素敵なバランスを見つけて、それぞれが「尊敬」し合う関係性をつくることだと思う。

「あなたにはあなたにしかできないことがある」

私は誰に対してもそう思っているが、その根底にあるのは、私自身が「１を10にしてくれる人」に出会い、「10を１００にしてくれる」人たちに夢を形にしてもらっているからだ。

３つのバランスとステージ

そして、この３つのバランスが組織のステージによって変化していくことがまた重要であると学んだ。

創業当時のベンチャーだった頃、「10を100にする」人なんて必要なかった。はじめに集まった5人は5人とも勇敢なる戦士だった。みんなが0を1にする必要があった。みんなが特攻隊長で、誰もチームメイトはいなかった。

だからこそ、熱量はものすごくて徹夜なんて当たり前！みたいなノリも今考えればブラック企業を通り越して、何もかも吸い込んでしまう正体不明のブラックホールだった。

しかし2、3年経つと、ブラックホールの中で生まれたたくさんの「1」を育てる必要が出てくる。「アイディアを形にしよう。ちゃんとした形にしよう」と思ってくる。あるいは「応用、展開、再現」ということが必要になってくる。

「あのお店の成功例を、このお店でも応用してみよう」。そう思うと「ルール」や「基準」が必要になってくるのだ。

「0－1」の人たちがワイワイ集まっても、新規のアイディアが生まれるばかりで、まったく収束しない。「1－10」の人の出番だ。「最低限必要なルールを設けよう。朝礼でこれだけは共有しよう。品質基準はこうしよう」。少しずつ会社らしくなってきて、大事につくった1が2に、3、4になっていく。

10まで育ったものをさらに大きく周辺にぐぐっと広げて「ビジネス」をつくれそうな段階になると、「10を100にする」人たちの出番だ。世界中の工場に掲げられているトヨタの「KAIZEN」方式は、まさに10を100にするための手法だと思う。「よりよいルールはないだろうか？」「もっと改善するために工夫をしよう」「マイナーチェンジをすることで新しい需要をつくろう」「AとBをもっと強く連携させてみよう」。

さまざまな角度から見直しと改善がなされて、多くの人にとって心地よい組織と、快適なサービスに、そして求められるプロダクトになっていく。

今、組織やチームはどのステージにいるだろうか。
そして次はどこに行きたいのか。
しっかり見極めることが大事だ。

その見極めが間違ってしまうと、お互い不幸な結果を生んでしまうから。

コミュニケーションをデザインする

デザインと経営を交差させ、らせん階段状にのぼっていくためには、「なんとなく」を超える努力が必要だ。

感性が鋭く、感覚でものを見たり、感じ取ったりできる人は、ときとしてチームみんなが同じ感覚をもっていると勘違いしてしまう。私もその一人で、なんとなく感じる、なんとなくいいんだよね、なんとなくダメだと思う。そんな「なんとなく」という感覚を共有する努力をしていない時期があった。

当時は「それが主観の強さだ」なんて勘違いをしていた。チームで仕事をするには、その感覚や感性を大事にしながらも、きちんとその理由を自分なりに「説明」し、「伝える」ことが非常に重要だということを、たくさんの失敗をして知った。「なぜそんな考えをするのかまったくわからない」という、チームメンバーの頭の中が「？？」だらけの仕事にエネルギーは生まれない。

でも私は子どものときからあまり人前で話すのが得意じゃない。そのくせ「こうだ！」と思ったら曲げないために、周りが理解不能に陥ってしまうことがある。

ちゃんと伝えたいなあ、どうやったら話せるのかなあ……。論理的に秩序立てて話すことが得意な山崎を見ながら、いつもいつも、自信をなくしていた。

しかし、あるとき社内のスタッフが採用説明会で話している言葉を聞いて、その気持ちが一気に変わった。

入社を検討している学生さんからスタッフに対する質問だった。

「山口さんの哲学や理念を共有する研修はどのように行われているんですか？」

答えたのは当時のマーチャンダイジングを担当していた長尾というスタッフだった。

「言葉は、正直あまりないですよね。でも、モノを見たら十分伝わるんです。何がやりたかったのかって。新作の社内発表会のときいつも思う。ああ、これが哲学の表現なんだって。モノは確かだし、新しい国に行ったときも〝モノ〟ができてきて、一気に、『ああ、こういうことがしたかったんだ！』ってわかるんです」

言葉で伝えるタイプの経営者じゃないんですって彼は笑っていたが、私はなんだか目からウロコだった。それから、伝える手段はなんでもいいんだって、肩の力が抜けた。大事なのは、伝えようとすることなんだと。

文字や数字だけが意思伝達の手段ではない。私は、「とにかくつくって、見せてみる」のがいちばん自分らしいと思っている。

実はこの本の表紙も、話し合いの中で私からイメージを出させてもらった。「ビジネス書っぽくもなく、エッセイでもなく」なんてダラダラ話すよりも、ビジュアルを見せたほうが早いと思ったからだ。一気にイメージが共有できた、と編集者も言ってくれた。

ビジュアルが持つ力を活用する

特に、新しい国と組んで新しい素材を使った新しい商品を出したいと思ったときには、口で先にいろいろ説明することはあえてしない。

水面下で準備をせっせと進めて、いきなり試作品を見せる。だって、頭で一生懸命考えて、最適な説明をこねくり回すよりも、〝実物〟ははるかに饒舌だから。

「こんな感じで、つくってみたんだけど」。

目の前で見せるだけで、それがどういうものであるのか、それがどんな世界観を運んでくるものなのか、瞬時に相手に伝えられる。

初めて自分たちでジュエリーを商品に加えることにしたときも、〝作戦〟は成功した。

最初に試作品を見せて判断してもらう相手、副社長の山崎と会うとき、私は何も予告せずに、打ち合わせの場に登場した。

インドネシアの古都、ジョグジャカルタで出会った線細工という繊細な技術でつくった、花の形の金のピアス。耳元で揺れるピアスに気づいた山崎が、「それ何？ かわいくない？」と言ったときには、心の中でガッツポーズ！だった。

モノの説得力には、どんな美辞麗句も勝てない。
そこから先へと進むことを、誰も躊躇しなかった。

キャンペーンを展開するときのポスタービジュアルも、とりあえず自分でざっくりつくって見せてしまう。基本のイメージを私が打ち出してみんなに共有してから、ブラッシュアップしていくほうが、誰も迷わなくていい。無駄がないし、正確だ。

さらに言うと、私は自分自身の夢や目標も、必ずと言っていいほど「絵に描く」ことで引き寄せてきた。

起業しようと決めたとき、スケッチブックにお店の絵を描き、看板に「ＭＯＴＨＥ

ＲＨＯＵＳＥ」という文字を書いたときから、イメージは揺るぎないものになった。今も、１年後に引き寄せたい夢は、ビジュアルとしてハッキリと描いている。

日記も小さい頃から習慣にしている。けれど、「ビジュアル」は文字と同様に力強く、鮮明に記憶に残るし、重要な「伝えるツール」になれると信じている。でも、ビジネスの世界では、文字と数字の力が圧倒的に強くて、過小評価されている気がしてならない。

絵が苦手ならば、写真でもいい。詩でもいい。
これだけ「伝える」技術が重要視されているのだから、
「伝える」選択肢も、もっともっと自分らしくアレンジすればいい。

ビジュアルのもつパワーを上手に借りる人がもっと増えたら、もっと楽しくスムーズに、ビジネスは進んでいく気がする。

仲間が動いてくれて、初めてお客様が動いてくれる

もう一つ、私がとてつもなく力を入れているコミュニケーションがある。

それが、社内のみんなに対する新作発表プレゼンテーションだ。

それは決まって本店での店長会の場で行われる。


〝今月の店長会は新作の発表がある！〟


そんなことが店長会のカレンダーで知れ渡ると同時に、私は緊張感でいっぱいになる。

なぜなら、お客様に発表するのの何倍も、みんなに見てもらうときのほうが、緊張する。理由はシンプルで、スタッフのみんなに喜んでもらえなければ、お客様が喜ぶ姿を想像するのは難しいからだ。

グラフィックデザインのチームとお店のディスプレイのメンバーと共に、発表の準備をする。商品のネーミングやコンセプトのベースとなった写真、イメージ画像、商

品をのせる什器。本店の営業終了後に、必死に準備をして、白い布で隠す。
翌日、みんなが隠されている布を見ながらワクワクした目で待っている。
照明のスタッフとアイコンタクトをし、いつものセリフを言う。

「それではご覧ください」

白い布が落とされ新作がお披露目されたときのスタッフみんなの表情は、毎回新鮮で、何かを解放するような力を持っている。

もちろん反応が悪いときもあるし、最高の拍手のときもある。
けれど大事なのは、「社内のコミュニケーションこそ、力を入れて伝えるべき」ということ。

みんながバトンを渡そうと動いてくれなければ、お客様の心は絶対に動かない。

ビジュアルも言葉もフル活用して、コミュニケーションをデザインする視点は、経営に欠かせないし、その重要性はビジュアルに慣れた世代がスタッフになればなるほど、高まってくると思う。

4.「らしさ」と「変化」のさじ加減

世の中のニーズが多様化して、多くの人に爆発的に広まる「マスのヒット」が生まれにくくなった消費の変化は、私も肌で感じている。

10年ほど前なら「森ガール」の流行と同時にキャメル色のバッグが全店で売れる、という現象が起きていたのだけれど、今はない。

ブームのパイが小さくて、個人のこだわりも細分化している。

こうなってくると、「うちはこの色、この形」とごく限定的なアイコンを特色にしてきたブランドは苦しくなる。

戦術が一つしかないから、それが受け入れられなくなったときには衰退しかなくなってしまう。

これはすべてのブランドにとって「らしさ」と「変化」のさじ加減の難しさを示している。変化しすぎると「らしくない」と言われ、「らしさ」に固執すると時代を捉えていないと言われる。

私たちは、どうしたらこの二つのサードウェイに立てるのだろうか。
その答えの一つは、こうではないだろうか。

「らしさ」の部分はブランドの「内面＝哲学や価値観」にもち、
それを伝えるプロダクトやお店は時代の変化を
ふんだんにキャッチする。
つまり、ブレない哲学を持ち、戦術は柔軟に変えていく。

私たちの場合、「途上国から世界に通用するブランドをつくる」という根本の哲学に固執し、その戦術、アプローチの仕方、すべてのＨＯＷ ＴＯは、カメレオンのごとくむしろ変化を好んできた。

最初に固めた哲学が、手法を限定せずに、工夫次第でいくらでも広がりを持たせられるものだったからよかったのだと思う。

「戦術に自由度をもたせる」というのは、時代に左右されないブランドの〝続ける力〟を備えるコツだと思う。だからこそ、前章で述べたように、やはり「大志」であればあるほど、その後のＨＯＷには自由度がおまけについてくるのだ。

成功体験を捨て続ける

トレンドに左右されずにブランドが生き続けるためには、自らの成功体験をどんどん捨てていく必要もある。

ヒット商品が生まれると、そこに頼りたくなるし、安心材料になる。

けれど、もしブームが去ったとき、新たな手を打っていなかったら何も残らなくなる。

ブランドの衰退は、「成功体験を捨てられない弱さ」に起因する。
だから、私は迷わず捨ててきた。
自分の成功体験を。

私のクリエーションにおいて、最初に手応えをつかんだ「HANABIRA」シリーズ（106ページ）は、私に自信をつけてくれたし、ブランドの名刺がわりになるアイコンアイテムになってくれた。その後にリリースした「YOZORA」は多くの芸能人の方も愛用してくださっている。

ヒットをつくるほどに、そのアイテムへ資源は集中投下され、カラー展開、サイズ展開が企画される。それはある意味とても正しい。ビジネスとしては正しい。

しかし、私はデザイナーとしてこの期間にいかに栄養を蓄え、次なる種をまいておくかが、非常に重要だと感じる。

そこで蓄えた利益を素材開発に再投資することは絶対だし、企画者本人としてはその成功からヒントを得ながらも「前作を乗り越える、前作を刷新する」ことに果敢に挑戦しなければならない。

タネは育っているか？

ジュエリーで最大のヒットは「しずく」という二つのカラーストーンを組み合わせたものだった。

これはジュエリーづくりを始めて2年後、スリランカの色とりどりの天然石の美しさをお客様に楽しんでもらいたいと思い、対称的な色の二つの石を一つのモチーフとして形づくった作品だ。

毎年クリスマスになると「しずくのポスターを」とお店からリクエストが来る。

私は「いい加減にしろ」とチームに怒鳴ってしまったことがある。

「そういうメンタリティでは、新作はいつまで経ってもスポットライトを浴びないいんだよね。なぜ、タネを育てようとしない？　育てなければ「しずく」だって生まれなかったはずだよ？」。

タネを育てるうえで大事なのは、時間のタームだ。
今年ではなく、数年先を見据えて
主人公を増やす姿勢が大事なのだ。
今年、来年の数字を見る姿勢では何も生まれない。

世の中の多くのアイディアをつぶしているのは短期的な時間感覚ではないだろうか？　どしっとした長期的視野に立てば、「いつか花開くタネをまこう」「実験をしてみよう」という気持ちになるはずだ。目の前の数字と、大事にタネに水をあげる作業は並行して必要だと思う。

そのためにはやっぱり、自分の成功体験を迷わず捨てられるようにならなければいけない。捨てるというより、「乗り越える」気概。

何年経っても新鮮な気持ちでチャレンジする。
その快感を覚えたら、いつだってチャレンジャーでいられる。
それほど強いことはない。

変化し続ける組織をつくる

「らしさ」を持ちながら、変化をし、成功体験を捨てながら前に進む。全部は、変化する組織をデザインするために身につけたこと。

組織にもっとも強烈な変化を生むのは、「新しいチャレンジ」だ。

私たちは「新しい国」への挑戦を続けてきた。そのたびに「新しいアイテム」が品揃えに加わってきた。「新しい」はすでにそこにいる人たち、空間、調和を乱す。

バッグを売っていたみんなに初めてジュエリーを見せたとき、店長会が終わった後に聞いてしまったスタッフの声があった。

「正直さ、ジュエリーって負担おっきいよねえ……。売り方全然わかんないし……」

１年近くインドネシアの田舎に滞在してつくってきた私は、強烈なショックを受けたが、新しさが「ストレス」なのはたしかだ。
それでも新しいことに挑戦し続ける理由がある。

人間の体と同様に組織も確実に年をとる。
新しい細胞が生まれてこないと、停滞や守りの気持ちがどうしても強くなり、いつしか、そこで働く人たちにも活気がなくなってしまう。

何より、これだけ変化の激しい時代を生き抜く組織をデザインするには、変化を恐れないマインドが不可欠だ。刺激物を投入しながら組織を強く、しなやかにデザインしていく気持ちが、経営には大切だと思っている。

第２章のポイント

「感性」を経営に活かし、「経営感覚」を感性的な活動に活かす

・「モノ」をつくるとき、「何のためにつくるのか？」を考え抜けば、どうやってお客様に届けるかという経営の視点ももてる。

・何をつくるかという「ＷＨＡＴ」と、どうつくるかという「ＨＯＷ ＴＯ」を分けてはいけない。

・「お客様の声」と「主観」をかけ算する。

・あなたは「０－１」、「１－10」、「10－１００」のどのタイプなのか。そして組織をデザインするにはその比率を考える。会社や自分の成長にあわせて「自分が輝ける場所」をしっかりと見極めよう。

・ブレない哲学や価値観を持ち、戦術は柔軟に変えることが、ブランド存続の秘訣。成功体験に固執せず、常に新しいチャレンジを続ける組織が必要だ。

第3章

個人と組織のサードウェイ

1.「家族」みたいな会社をつくる

組織のゴールと自分のゴールが違う――。

そんな悩みを誰もが一度は感じたことがあると思う。
私は会社をつくった創業者なので、人に雇われたことがない。だから、このことを100%理解できているかはわからない。けれども、10カ国600人のスタッフを抱えているので、組織対個人というのはすべての国にとって共通のテーマであり、個人と組織の価値観をどう一致させ、異なりをどう尊重していくかは永遠の課題だと思う。この大きな二項対立をいろいろな場面で感じている。

会社を、店舗を「帰る場所」に

少しステレオタイプ的な見方ではあるけれど、これまでの日本の会社は「組織」を大事にして成長してきたんじゃないかと思う。

会社のゴールを優先させて、個人の幸せを犠牲にしながら働いてきた人もいるかもしれない。組織につぶされながら、我慢をして満員電車に乗っているのが、漫画や映画で描かれてきた「典型的なサラリーマン像」だ。

その反動からか、世の中では「個人主義的な働き方」というのがここ数年で流行ってきたように感じる。自分の給料やスキルアップを最優先にして、働いている職場が合わなくなったら転職するという働き方。

そうやって、人が会社と会社の間を行き来したほうが経済は元気になるし、最近だと大手企業でも副業を認めるところが多くなって、自分らしく働く環境が整ったのはきっとよいこと。

でも、だからといって、バラバラの個人が単に一時的に「集まる場所」に会社がなっていくのだ、と考えるのは少し寂しい。同じ時期に、同じところで働くようになったというのも何かの縁だろうし、できれば会社が自分を成長させ、安心感を得られるような空間にしたいとも私は思う。

会社のゴールを強制的に押しつけるのではなく、個人を支えるようなコミットの仕方ができないだろうか。

経営者として常に向き合っている問いだ。

私は組織のあり方についても、個人主義的でもない、かといって集団主義的でもないサードウェイ的な考え方を探っている。


私が会社づくりにおいて、目指してきたもの。

それを言語化してみると、「企業第一でも個人の力だけでもない、両者のいい部分をかけ算した〝家族的〟な組織」なんだと思う。


わかりやすい象徴が、私たちがバングラデシュで運営する工場のコンセプト。それは、「第2の家」。

もともと「マザーハウス」という社名にしたのも、「帰れる場所になる」という意味を込めたかったから。

「会社」は働く場所。「家」は住むところ。二つを区別する人も多いと思うけれど、私は最初から「ハウス」を会社の名前に入れたかった。

会社は「働きに行く場所」。
だけど、「守る場所」にもしたいし、「帰れる場所」にもしたい。
働いている従業員のみならず、お客様にとっても、
ブランドを「家」のような存在にしたい。

そんなことをビジネスの根っこの部分では願ってきた。

組織だけでなく、お店もそう。マザーハウスのお店の中のデザインを考えるとき、「リラックスして、家に帰ってきたような空間」を目指している。

店づくりの途中では、デザインと効率性がいつもぶつかり合う。
売り上げを大きく伸ばすためには、バッグや服は小さくたたんで、狭いスペースも無駄にせずに、できるだけ多くの商品を並べないといけない。でも、マザーハウスのお店は広々とした空間だと感じられるよう、「スペースの空き」にこだわっている。

空間だけじゃなく、働く人たちの姿勢が、必要以上に「売ることばかり考えている」ならば意味がない。

お店にモノを買いに来たというより、友達や家族の家に「帰ってきた」という感覚で時間を過ごしてくださるお客様もいるぐらいだ。

会社で働いている従業員を「家族」みたいに考えて、組織を動かしていくと決めたなら、それなりにお金がかかることを覚悟しないといけない。

「人を大事にする組織」にするためには、給与、休暇、制度の充実が不可欠だから。でも、ベンチャーや小規模な企業の場合は、「そんなことやりたいけれど、やれない」というのが本音ではないだろうか。もどかしい思いを何度も味わっている経営者は少なくないはずだ。

だからといって、お金をかけて社員一人ひとりに対して、あの手この手で一生懸命サービスをする、というのとも少しニュアンスが違う。

本人の意思にできるだけ耳を傾けながら、組織として必要な結果につなげる方法を探ることが大事なのだと思う。

個人の〝やる気〟に勝るものはない

「あなたの人生が一つの物語だとしたら、クライマックスはどこですか？」

　これは、マザーハウスで新しいスタッフを採用するときの面接でよく聞く質問だ。話しながら泣いてしまう人たちも多いし、なかなか言えないようなパーソナルな悩みを打ち明けてくれる子も山ほどいる。面接官であるスタッフみんなの姿勢がそうさせている。目の前の相手を理解する気持ち、それぞれの人がもっている「違い」をそのまま受け止めていくスタンス。

「マザーハウス以外では僕は受け入れられないと思う」とまで言ってくれた社員は何人もいた。両親が別々のルーツをもっていたり、性的少数者（ＬＧＢＴＱ）の事情を抱えていたり。残念ながら、まだまだ日本の組織は、「みんな同じ」というモノカルチャーに染まりすぎているから、生きづらさを感じてきたのだろう。

個人を理解する。
個人のパーソナルな思いを聞く。
まず私はここから始める。

個人を理解した先にあるのは、「本人の希望を最大限に」というのが次のステップ。仕事の配置の決め方もそう。個人がやりたい仕事に就いてもらうために、マザーハウスでは「公募」という制度を多用している。

さまざまな国籍や宗教、職歴や経験、考え方のスタッフがいる。
でも結局、個々人の〝やる気〟に勝るものはない。
人材に対する考え方では、一貫してそう思う。

もちろん、公募は万能ではない。本人がいくら希望していても、スキルが足りない場合や、やる気と仕事のミッションが一致しない場合には思った通りにいかず、本人が落胆し、周りもストレスを抱える場面をたくさん見てきたのも事実だ。
でも、だからといって、本人の希望がないのに、組織の一方的な思いを押し付けることを優先するのも正解じゃない。そういった場合に、スタッフが最高のパフォーマンスを出した事例の記憶はあまりない。

育児や介護などに携わっていて、みんなとは違う仕事のスタイルで働かないといけない人も男女を問わず増えている。マザーハウスにも、育児のために早上がりをしている人がいる。あるスタッフは抜群の販売力で活躍しながら、転勤なしの「エリア限定のキャリア」を選んでいる。
「5時には帰りたい」というお母さんやお父さんのスタッフの希望を聞くことと、組織のアウトプットを最大化することは、絶対両立できる。

一人ひとりにベストフィットしたキャリアパスを見つけていく。
その先に、組織全体のパワーが底上げされていくのだと
信じている。

「抜擢人事」も本人の気持ちを大切に

個人の希望にできるだけ応えていくのも大事だけれど、ビジネスはそれだけでは回らない。会社として、「この人にこのポジションに就いてもらいたいな」と思うことがあるのも確か。

たとえば、店長として評価の高い人に、「次は複数のお店を統括するエリアマネージャーになってもらいたい」という会社としての希望を伝えることがある。本人の〝やる気〟が出てくるのを待っている時間はなく、ある程度会社の都合で〝指名〟をしないといけないパターンだ。

そういうときは、何人かを指名して、一人ひとり面談してポジションの可能性を打診して相談するというスタイルをかなり長く続けてきている。

指名されたスタッフの中には「自分にはそんなポジションは難しいのではないか。スキルがまったく足りないのではないか」と驚く人もいる。特に、日本人は自己評価の低い人が多い気がするのだが、いずれにせよ、本人が思っているキャリアステップのペースよりも早く会社から指名があることは珍しくない。いわゆる「抜擢人事」だ。

でも、こういう場合も、会社からお願いを伝えた後はギリギリまで「本人からの返事」を待つということを大切にしている。

ポジションを上げるにしても「本人のやる気」がまったくないと、必ず失敗するからだ。

多国展開するマザーハウスの人事において、「個人と組織の拮抗」が生じる最たる場面は、「海外赴任の打診」かもしれない。

グローバル転居を伴う配置を承諾するかどうかは、入社時、そして入社後にも定期的にヒアリングしているのだが、書類に書かれているＹＥＳ or ＮＯと、今そのときの気持ちが一致するとは限らない。

必ず本人に〝今の気持ち〟を聞く。重要な前提として「これから話すことは評価ではなく相談です」と強調したうえで。

「ある海外の現地駐在員のポジションがある。期間はとりあえず1年間。やってみたいと思う？」

このときも、3人に声をかけた。1人目の男性はスキルは申し分ないし、グローバル転居OKのスタッフだったけれど、「せっかくの話なんですけど、僕、今は国内店舗の販売がめっちゃ楽しいし、もう少しがんばりたいんです！」とキラキラした目で言われてしまった。

2人目の女性は、興奮気味に喜んでくれた。「行きます！　がんばります！」。ただし、語学がまだ追いついていない。

3人目の候補者は、面談してみて異なる部署のほうが活躍が期待できると判断した。

部門の責任者と悩んだ末、2人目に行ってもらうことにした。やはり、〝やる気〟が成長の最大のエンジンだと思ったからだ。ただし、期間はトライアルとしてまず3カ月間。3カ月経った時点で、本人と会社の双方の意向を再度すり合わせてその後で決めることに、彼女にも納得してもらった。

このとき、喜んだのは赴任が決まった彼女だけじゃない。最初に打診した彼にとっても、大きなモチベーションアップにつながった。

「会社が僕に声をかけてくれた。今は受けられる時期ではなかったけれど、将来、本気でチャレンジしたいと思ったときには、きっとチャンスはもらえる」という希望をつかめたからだ。

「会社に期待される」という事実は、それだけで個人を大きくエンパワメントする。

だから私は、一つのポジションの打診をあえて複数の候補者にする。

検討の結果、「ごめん、やっぱりほかの人に決まった」と伝えることになったとしても、「声がかかった」というだけで自信が生まれ、翌日からの働きぶりがポジティブになっていく。

個人と組織は対等に情報共有する

こんな話をしていると、ある記者さんから「最近は、本人の意思を無視した転勤も、問題視される世の中になってきましたからね」と言われた。

本人の意思を無視した転勤？

私の中では一貫して、個人と組織の間には上下関係はなく、お互いに風通しのいい関係性をつくる努力を続けるものというイメージがある。

どんな場合も組織が個人に勝ることはない。働く個人は「ノー」という権利を持っている。それは、個人の意思に反する仕事を組織として頼んでおきながら、最大のアウトプットを期待することは間違っていると思うから。

そういう前提に立ち、私なりの組織と個人のサードウェイ的なあり方にとって重要になってくると考えるもの。それは、「情報共有」だと思う。

「今、会社は何をしようとしているのか？」
「経営者はいったい何を考えているのか？」
「これから会社はどこに向かうのか？」
こういうことを経営者やマネージャーの口から
いろいろな視点、さまざまな機会に話していく。

一人の社員の立場から見ると、経営全体の状況があまり目や耳に入ってこないと、なんだか会社の中で生きていく選択肢が少ないように感じてしまうし、自分の能力をいつ、どんな立場で発揮でき、また評価してもらえるのか不透明に感じてしまうときがある。

そんなときこそ、働いている立場からすると、自分が組織のはざまに立たされているように感じるのだ。

私たちの会社もそうは言っても情報が不足していたなあと反省することも多いし、情報を出すタイミングとかも最大限に慎重になっているつもりでも、間違えてしまったなあという反省も後悔もつきない。

でもそんな数え切れない失敗をしてもなお、私は経営者として不器用でもみんなと「向かい合う」姿勢は絶やしたくないと思っている。

言葉足らずでも、いつでも本音でみんなと接したいと思っている。本当に言葉が足りないと思ったときは、私の場合は前述したように、モノに語ってもらいながら、補完してきたつもりだ。

個人が組織で輝くための4つのこと

一方で組織で働く個人の立場に立つと、経営者や上司の方向性に納得できないことや、強く〝おかしい〟と思うこともあって当然だと思う。

そんな人へ私から届けたい４つのこと。


一つ目は、あなた自身が組織の構成メンバーであるということ。

二つ目は、その組織はみんなでつくり上げていくものであるということ。みんながよりよい組織をつくり上げる大事な構成員だということ。

三つ目は、社長でも上司でも、情報は完全ではない。だから完璧な決断が常にできるわけではない。

最後に、だからこそ、意見を発信し、他者と交差させていく姿勢と柔軟性が何より重要なのだということ。


少し話がそれるが、フランスに出張する前にそのことをスタッフあてにメールをし、共有した。

するとある販売スタッフから、「前々から、いつかうちの会社はパリに進出するだろうと思っていました。いよいよですね。本当に楽しみです！」とメールが入った。何気ないメールだったけれど、私にはスタッフと一緒にパリに来ている感覚がもてた、うれしい出来事だった。

そうやって、私が向いている方向性、やりたいことをアクションや言葉で、まめに共有できていれば、組織と個人の間にある溝はなくなっていく。逆に情報がうまく浸透してないと、疑心暗鬼になり、ミスマッチも起きてしまうだろう。

組織の力に個人の力を掛け合わせて、組織を動かしていくのは十分可能だと思う。

2. 組織人になるか、個人になるか

経営者という立場でなく、一人の働き手としても、「組織対個人」というテーマは私にとっての大きな課題だ。

最近では、フリーランスでも活躍できる場面や分野は山ほどあるし、組織に所属することがメインの選択肢でもないと感じさせる空気が広がっている。

「一人のほうが楽かもしれないなぁ」。実は私もそう思った時期があった。

私はマザーハウスを経営する代表取締役でもあるが、デザイナーでもある。一人で黙々と作業をしている時間が何よりの喜び。それに、もともと人見知りの性格だ。社員の前で挨拶をしたり、お客様の前で商品を発表したりすることは今でも、胸がどき

どきするし、緊張する。

正直に告白すると、会社という組織にいて、みんなに合わせるのが面倒くさいし、仲間が増えるほどコミュニケーションの引き出しを多くしなければならないので、そういうことができない不器用な自分に悩んだ。

しかし、ふと思った。私が仮に一人の個人として「窮屈だ」と感じるような組織だとしたら、みんなはもっと居心地が悪いのではないだろうか。

だって、私が「一人でいたい」と思うのだとしたら、社員一人ひとりも同じような気持ちになっているはず。

そんな気づきを得てから、少しずつ組織の中の自分のスタンスが変わっていった。

自分らしさを理解してもらおうと努めた。

まずは自ら、自分を押し殺すのをやめて、組織の中でも個人が輝ける働き方を広めようと思ったのだ。

「私はこういう性格だから」

「私は説明が苦手だけれど」

「本当はこんなこと考えていたんだ」

自分の苦手なところをさらけ出す姿勢を少しずつとるようになった。


リーダーが弱さを見せられる組織は本当に強い。

完璧でない未完成なリーダーを抱えたスタッフも、強くなる。

リーダーから弱みを見せる

組織の中で「自分らしくいる」こと。私は、可能だと思う。

そのために、自分から脱皮しなければならないときは必ずある。

いらないプライドを捨てて、部下にこそ、弱さを告白してみる。
その上で、自分にしかできない圧倒的な付加価値も見せる。
人間、いい面も悪い面もあることを
心から理解し合った組織ほど強く、心地いいものはない。

弱さを出していく。個人の違いを恥ずかしがらずに見せ合っていく。

そういうふうに少しずつ会社の空気をつくっていった結果、気がつくと、私たちのスタッフたちはなんと休日もみんなで出かけるらしい。「休みの日も、会社の仲間と会いたいわけ?」とものすごくびっくりしたのだが、企業を〝第2の家〟にしていく思考の先としては大成功なのかもしれない。

家族的コミュニティを職場でつくれることは人生をとても豊かにすると思うし、同時に、企業の繁栄や絆にもつながるはずだ。

管理か現場か。プレイヤーかマネージャーか

それでも、会社って難しい。たとえ個人として働いてきた人であったとしても、「組織の論理」と向き合わざるを得ないときがきっとくる。自分が管理職やリーダーになったときだ。

個人としてがんばりが評価されて、初めて部下をもつようになって戸惑うスタッフ

を何人も見てきた。

「自分だったらこうするのに」

「なんで、できないんだろう」

がんばり屋さんで、能力が高いスタッフほど、人を指導する立場になった途端、なかなか成長しない部下にイライラしてしまって、マネージャーとしての正しい振る舞い方ができなくなってしまう。


経営者であっても、同じような悩みはある。


私は人を管理することや、上に立つことがあまり得意ではないし、ずっとプレイヤーでありたいと願っている。実際にそう動き続けてきた。

上から俯瞰する仕事だけをしていると、現場感覚が失われてくるので、ある意味では正しいやり方だったと思う。けれど、会社が大きくなっても創業者が変わらず現場に残り続け、プレイヤーばかりやっていると、組織は成熟せず、舵取り役を失ってしまう。さじ加減が難しい。

そこで、自分なりに行き着いた答えは、やはりここでもサードウェイ。

現場でモノをつくっていく張本人（プレーヤー）でありながら、会社を、さらには社会を俯瞰して大きな目線で働くマネージャーでもある。

プレイヤーであることで、マネージャーである自分が育っていく。
マネージャーな視点があることで、プレイヤーの自分が活かせる。

そう心がけてきたのだ。

この本で繰り返しお伝えしているサードウェイの本質。それは、ちょっと見たところでは対立するような、二つの軸のよい部分をかけ算すること。もしかしたらお互いが矛盾する二つの概念がぶつかり合いながら、スパイラルのように成長していくことだ。

どっちかを否定するわけでも、どっちもどっちという妥協でもない。二つのパワーを活かして、上へ上へと行く哲学。

私は現場で感じたことを常に経営に活かしてきたし、経営の立場から見える「景色」を常に現場に向けて伝えてきた。それによって会社の大きな戦略は息吹に触れて、「らしさ」が生まれてくる。

川上も、川下も、行き来する

マネージャーでもありプレーヤーでもある。それはどういうことなのか。

たとえばバングラデシュでのものづくり。こんなことがあった。

あるパートナー企業のレザー工場とタッグを組んでやっていたが、仕事の出来が悪く、私はいつもイラだっていた。思い描いていた形はあるのに、どうしてもうまくいかない。素材の粗っぽい仕上がりに、何度も激怒した。

そうやって現場で味わった「私的な感情」を今度は経営者である私が冷静に受け止め、活かしていく。現場では怒りながら、よりタフで新しい戦略が出来上がりつつあったのだ。

それで、決めた。レザー開発の工程を他社に任せず、自分たちの関係工場で一部内製化することにしたのだ。

たくさんのお金がかかる投資になったが、レザーの不具合によって、開発や生産にどれだけのダメージを負っているかは、「現場の私」が誰よりも実感してきたから、より合理的な工程となった。


川上まで行くほどにリスクが大きい――。


ビジネス界ではそんな言葉が聞かれる。川上とは、商品の流通を川になぞらえて「商品をつくる現場」を表す言葉だ。

川の上流のほうでは、商品の企画や生産がおこなわれる。逆に、川の水が流れていく先の川の下流はお店のことを表す。川の上流では、お店側にはわからない苦労や大きなリスクが伴う。うまく商品ができなかったり、工場のトラブルがあったりする。

だからお店をもつ経営者はできるだけ直接的な関わりを川上側と切り離して、リスクを避けようとする。

しかし現場で川上から川下までプレイヤーとして走り回って、問題に触れ続けてきた結果、マネージャーとしてここに向き合う覚悟ができたのだと思う。

工場生産の現場はたしかに大変なことだらけだ。スタッフが工場に来なくなったり、生産工程でトラブルが発生したり。工場が止まって、遠い東京にいるお店のスタッフからの要望に応えられなくなるときもある。

そんなときは冷や汗が出るし、めちゃくちゃ焦る。そんなリスクも全部背負わないといけない。でも、そういうコストやリスクを上回るぐらいのメリットがあると私は思っている。

現場と経営。川上と川下。この二つを「分けて」考えるから対立するように思えるのだ。

現場と経営を行き来することで、
得られるものが本当はたくさんある。

経営者が勇気をもって現場に行ってみる。
元の場所に戻ってきて、経営者の目線でもう一度考えてみる。

そうやってダイナミックに動く姿勢が、これからのビジネスでは必要なのだと思う。

現場に立つから見えること

もう一つ、自分のリーダーとしてのビジョンや姿勢のあり方でこだわるポイントがある。それは、「自らお店に立つ」こと。

今年のゴールデンウィーク。３日連続で、関東にある7店舗を2時間ずつ回った。

それは、それは、とても疲れたが、得るものも大きかった。

お店に入ると、店長さんが私に教えてくれる。

「今日はレジのほうでお包みをお願いします！」。私は「はい！」と答える。

お店のオペレーションについていくので精一杯。接客だってやってみるのだが、本当に難しい。売りたいけれど、声をかけられない……。もじもじ……。

そんな場面もあり、みんなの足を引っ張っている感覚さえ湧いてくる。お客様に商品を勧めないといけないのに、「今日は買ってもらわなくてもいいんじゃないかな」と弱気になったりもする。けれど、たった2時間でも一生懸命その店舗の一員となれることは、素晴らしい高揚感があった。

結果的に売り上げ目標が達成できたら、なおさらうれしい。2時間の間に、改めて自己紹介をしてくれるスタッフがいた。時間になると店舗スタッフから、「記念写真撮っていいですか」と私に声をかけてくれた。

みんなでがんばった思い出にひたりながら、私は帰り道に店舗ごとの売れ方の分析をしていた。現場のシャワーを浴びて、新しくつくるべき商品や、店舗のあり方など新しい戦略的アクションが頭の中でぐんぐん広がっていた。

これが私のサードウェイ。プレイヤーとマネジメントの間で揺れ動いた先に導かれた、自分らしい歩き方だ。

個人か、集団か

先ほどフリーランスのことを少し書いたが、日本でもフリーランスが一種のブームになっていると思う。組織に属さなくても、フリーで仕事をするライター、会計士、広報担当者、マーケッターが増えてきた。最近ではフリーの「人事担当者」もいて、複数の企業の人事を見ている人もいると聞く。

世界各国の職人を見ていると、さまざまなタイプがいることに気づく。一人でモノを仕上げる職人と、部分的に協業している職人など。私は彼らを見ながら〝個人〟と〝集団〟のよい部分をかけ合わせられないか考えてきた。

完全に個人として孤立するのではなく、「ゆるやかにつながり、他者から学び、自己に戻す」。

これがこれからの働き方、生き方になるんじゃないだろうか。

インドネシアのジャワ島の中心部にある「ジョグジャカルタ」のマザーハウスの工

房。ジュエリーの職人が9名ほど働いているが、常に工房で働いているわけでもなく、マザーハウスに所属しているわけでもない。彼らは独立した職人だが、マザーハウスのものづくりのために時折工房に集結する。

ジュエリーの世界は少し特殊だ。金や銀の素材から、リングやネックレスといった完成品までをたった一人でつくれる人がほとんどで、ジョグジャカルタでは組織で働く「工房」という概念があまり存在しない。

なので、みんな職人たちは「自宅」を職場として、地元のお土産屋さん経由で商品のリクエストをもらい、それをつくって納品するというのを繰り返していた。日本のウェブデザイナーなどと近いのかもしれない。

私は職人のそれぞれのご自宅を訪問し、そこで商品をデザインしたり、修正をしたりしていた。

自宅なので、当然、居心地はよさそう。話を聞けば、「自分の机以外で仕事をしたことがない」と言う。眠いときは寝て、タバコを吸いたいときはベランダに出て。そうやって自由に、時間を過ごしていた。

しかし、ある大きな問題にぶち当たった。

「個人の得意なことが活かされる」という大きなメリットが、自宅で働くことにはある。でも、〝閉じられた世界〟ではそれぞれの職人がもっている技術の範囲はどうしても狭くなっていく。その狭い技術領域が商品力として発揮されればいいのだけれど、それは決して約束されるものではない。

実際、商品の人気の浮き沈みによって、職人に対する発注数が少しずつ減っていくという事態が起きた。自宅の中で一人黙々と働いている職人は、ライバルの技術を見て刺激を受けて、成長をする機会も少ない。

「どうしてオーダーが減っているの？」

悲しそうに私に伝えてくるある職人。

「今、あなたのテイストのものが人気がないから、違うものをできる人にお願いしているんだ……」。私は事実を伝えるしかなかった。

個が集う場づくり

私自身ももどかしい思いをしていた。たとえばデザイナーとして「もっとおもしろいものをつくりたい。これとこれを組み合わせて……」とアイディアを伝えたくても、職人一人ではすべてをカバーできず、その職人がもっている能力を超えた注文ができないということに気づいたのだ。

もちろん人によって、事情は違うと思う。自分の能力が「マルチ」であり、時代の変化に合わせていろいろな要求に応えられる自信があるなら、フリーランスはとてもよい働き方だ。しかし、ある程度自分の強みや専門性が「偏っているな」と感じるとしたら、そこにはリスクがある。

私は、そこでこんなことを試してみた。

「工房」という概念があまり一般的ではなかったジョグジャカルタで、自社工房をつくり、職人を集めてみた。みんなに自宅から出てきてもらったのだ。

「みんなでつくってみよう」

そんなふうに私が呼びかけて、インドネシア各地の村や都市から集まった職人たち。最初はやけに距離感がある。表情も険しい。お互いが牽制し合っていた。

「お前もジュエリーやってんのか。ゴールドは扱えるのか？」

「どこの村から来たんだ」

緊張感が漂う、一触即発の雰囲気だ。お互いがお互いの「手の内」を探り合っている。集合した初日の重たい空気感は今でも忘れない。

しかし、ものづくりの力、「クリエーション」がその空気を打開した。

「あなたの技術とあなたの技術、かけ合わせてみよう」

いがみ合っていた職人たちも、自分にできないことができるライバルはリスペクトをする。自分たちが一人ではできなかったことを明かし合い、お互いの足りない技術を補完し合う。そうやって新しい技術や道具と出会う。アイデアが生まれ、今まで自分一人ではできなかったものができていく。

次第に縮まる距離感の中で「教える」「教え合う」光景が生まれたのは、予想していなかった相乗効果だった。

「見て。こんなに素敵なものができた！」

職人同士の新しい組み合わせが生んだクリエーションは、海を越えて、お客様にたしかに届いた。

それは、ジョグジャカルタ伝統の線細工（フィリグリー）を使いながら、天然石を組み合わせたまったく新しいものだった。花の線の中に、雄しべのように2ミリのローズガーネットがきれいに留められている。私が敬意を込めて「フィリグリーに華を添えて」と名付けたシリーズは、大ヒットとなった。

このアイディアは実はずっと私の頭の中にあったのだが、線細工をつくる職人には、石を留める技術がなかった。一方で、石を留めることができる指輪職人は線細工ができなかった。

分業化されているジュエリーの世界の中で、彼らを引き合わせ、線細工職人が石留めに成功したとき、伝統工芸に、小さいけれども画期的なサードウェイがつくれたと感動した。

集中して「工房」に集まり続けた後は、職人たちはまた自宅での製作に戻った。そしてまた数カ月後、工房での集中的な仕事が始まる。それを繰り返す。

強みをもった個人が同じ場所に集う。
そしてそこでみんなが挑戦を共有することで、
互いに新しい成長が生まれる。

最近、日本で増えているという「コワーキングスペース」もこの「工房」に近いかもしれない。バラバラの個を集める場に必要なことは挑戦の共有なのではないだろうか？

個人と集団、そのどちらかを否定するのではない。妥協もしない。両者を行ったり来たりしながら、上を目指したい。

3. 他社比較、他者比較の落とし穴

ここまで書いてきたように、個人と組織の関係はとても難しい。そんな中、私は両者のよいところをつかみながら、ダイナミックにどちらも成長するよう様々な仕掛けをしてきたつもりだが、個々人が持っているメンタル面も、実はとても大事だと気がついた。

組織と個人の関係を考えるときに、どうしても避けて通れないのが「他者の視線」をどう考えるのか、ということだ。

組織の中にいると、どうしても自分を同僚や先輩など「他者」と比べてしまう。そうやって、仕事で悩んでしまうことは誰にだってあるはず。自分と他者をどのように比べるのかというのも、また大事な問いだ。

内省的という言葉がある。「内向き」「自分のことをじっくり考える」というニュアンスが含まれている。

一方で「外交的」という言葉。「外向き」「他者を意識している」というイメージがある。

私はどちらかというと前者だ。いい意味でも悪い意味でも静かに考えることが好きで、「自分」をとても意識している。

かつての私は、「自分がどう思うか」をあまりにも優先していたと思う。

自分がしっくり来ないこと、心との間にズレがあること、どこか気持ちが悪いことはしたくない。自分の意に反したことには全力で反対する。世の中の動向なんて気にしない――。そんな自分が二十代の頃は存在した。

しかし、それだけではあまりにも世界が狭いと痛感することがたびたびあった。

紆余曲折を経て学んだ自分らしいサードウェイ的思考は、次のようなものだ。

「自分軸」をもちながら他者を見る。

ただし、「一定の距離」を置いて。

そのうえで、「他者」を見る。


他人の意見を聞きすぎて、周りに流されてしまう人がいる。また、かつての私のように、自分の中にこもって結論を出してしまうが故に、大局観を欠いたエモーショナルな判断をしてしまう人もいる。どちらもいいとは思わない。


大事なのは、順序。

自分の意見をまず確立し、あるいは仮説を立てたうえで、その後で他者のおこないや思考を検証してみる。

そうすると、他人の動向が過度に気になって流されることはなくなるはず。


「自分の意見の確立」と、あまりにも簡単に書いてしまったかもしれない。でも、そもそも、それがいちばん難しいし、時間がかかる。よくわかる。

「私って何がやりたいんだ？」

「私って本音ではどう思っているんだろう？」

まずそこにつまずいてしまう人たちも、多くいると思う。

小学生のときからつけている日記。「日記」というと「今日何をした」という内容になりがちだが、そういうことは一切書かない。アクションの記述がない日記。その代わり、「今日どう思ったか」という感情を書くようにしている。そうすると、「なんでそう思ったか？」という、もう一段階深く、自分の心を掘る習慣がつくれるからだ。

これを長年やってきて思うことがある。

自分の本音に従ったことは、必ず後悔しないし、成功する場合が多い。

逆に体裁や、他人の言葉に重きをおいたアクションは、一時的にはうまくいっても、やがて崩れさったり、長持ちしたりしないことが多い。

だからこそ、自分の本音を書き綴るツールとして主観たっぷりの日記は大事にしてきた。

まずは自分を確立してから、他者を見て、自己検証をして、自分を高めていく。不思議なのは、「逆」は、私にとってはとても難しいということだ。

経験上、他者を見てから自分を確立するのは簡単ではない。なぜなら無意識に他人の意見が投影され、影響を受けてしまうのが人間だからだ。クリエーションでは特にそう。

だから、最初は自分を信じて歩いてみよう。直感や主観自体も、過去に自分自身が見てきたことの蓄積であり、生きてきた足あとなのだから。その後でも十分に、いやでも他者を知る時間はある。

自分と他者、距離感をつかみながら、自分という人間をコントロールしていくという術。これこそ、サードウェイ的な考え方だ。

私の場合は、バッグなどをデザインするにあたって、必要最低限の取り入れるべき情報だけ取り入れて、独りよがりにならないようにバランスをとっている。

結論を急がない。自分の考えを寝かせてみる

そして、もう一つ大事なこととして、結論を急がないこと。私は自分の考えを固めた後に余白の時間をもつようにしている。

たとえばインドネシアでものづくりをしたいと思ってから、実際にジュエリーをつくり始めるのに実は4年かかっている。そして将来パリに行きたいなと思ってからもう13年にもなり、本格的な出張を計画したのはやっと今年のことだ。

「何かがしたい」という希望がどれくらい強いものなのか。その感情が長持ちするかどうかで、一応は評価することができる。

あなたには、ずっと思い続けている夢や目標はあるだろうか？

私の場合はいくつかある。そして、それらはもう5年以上、心の奥のほうで保たれてきた。

そうすると自分でも「来年もきっと同じように思い続けているんだろうなぁ。これは本当に私がやりたいことなんだな」と納得する。

急激に高まる気持ちは盛り上がりやすいけれど、その情熱やエネルギーは瞬間風速でしかない。時間をかけて水分を飛ばしたほうが薪が温まりやすく、一度火がつけば長く炎が保たれるように、時の積み重ねは力になる。

毎日散歩をする中で、異なる角度からそのことを考えたり、ある出会いの中でそのことと重なりがあったり。心の奥に、ひっそりと保管しながら生かしておく。熟すまで、気長に待つ。

そんな時間を大事にしている。

逃げ方を知る

自分自身をデザインするという意味で、「どう休むか」というのは、私にとっては恥ずかしながら最近になってようやく身につけ始めたスキルだ。

「あれ、なんか唇が腫れている」

ミャンマーで私は唇の腫れに気がついた。それから徐々に大きくなり、激痛。すぐに日本の病院に行き、感染症だと判明し人生で初めて入院し手術もした。手術後は40度近い熱が4日間続き、死にそうだった。

病室の窓から「ああ、こんな弱ってしまうなんて……」と恥ずかしさと悔しさでいっぱいだった。

「無理をしない」という言葉の意味を、私はそれまでずっと理解していなかった。人間いくらだってがんばれる、みたいな精神が、どこかでこびりついていて自分自身をいたわる、ギリギリの一歩手前でストップをかける、そんな調整をすることをまったく軽視していた。

それから私は、まず海外の出張スケジュールを見直した。海外出張は少なくとも月に3回までにしよう（といってもまだ多いが 笑）。

ちょっと疲れた日は早めに寝よう。

体を動かすことも定期的にやっているのは、頭を休めるため。

朝の散歩はもう何年も続けている。自分自身の心のもち方や、体調、今の「本音」を問う時間として、私がライフスタイルの中でいちばん大事にしている時間だ。

自分の心と体に耳を澄ます。
これがシンプルだけれど、
自分をベストな状態に保つためのルーティーン。

ヒトに悩むな、コトに悩め

今年、マザーハウスの仲間になってくれた新卒新入社員は17人。これで日本国内のスタッフだけで約200人になった。たった一人で始めたビジネスがこんなに大きくなるなんて、あの頃は想像すらしなかった。

人が多くなる分、「人間関係」によって生じる組織の課題も増えていく。マザーハウスだけでなく、どんな会社で働いていても、上司、同僚、部下との関係は大きな悩みのタネの一つなのだと思う。

ここで、私が新入社員向けのメッセージで伝えた言葉をご紹介したい。少しでも参考になれば、うれしい。

2019年4月1日（ちょうど新元号発表の朝で、日本中がソワソワしていた）、末広町の本社オフィスのフロアに椅子を並べて、入社式をした。

社長として挨拶をする時間をもらって、私は少しの自己紹介と、これから仕事をする中で覚えておいてほしいことを、ごく簡単に話した。

創業の思いについては深く理解したうえで仲間になってくれる子ばかりなので、あまり長々と私が話すことはない。トータルで10分くらいのごく短い社長訓示。

そこで私はこんなことを話した。

「働き始めてしばらくすると、きっと人間関係で悩むと思う。そう、100%、人間関係で悩むと断言します（笑）。でも、やっぱり最終的に仕事で何が大事かって、〝ヒト〟じゃないと私は思っています。

こんなことを経営者が言っちゃうのはちょっとまずいかもしれないけれど、私は悩んだときにはいつも〝コト〟に向き合ってきました。

店舗販売に配属されたのだとしたら、こういう〝コト〟。お店をどうしようか。サービスをどうしようか。今度のイベントではこんなことをやってみよう。

ヒトからコトへ目線を移して、アクションに意識を向けていくことがとても大事です。

私の経験を振り返っても、工場で少しでもいいものをつくろうと格闘しているときに、ヒトにとらわれると迷いが生まれる。『この素材を扱うことは、工場の皆にとって負担にならないかな。誰か不機嫌になっていないかな』なんて考え始めると、何もつくれなくなっちゃうんだよね」

そして、こう続けた。

最終的に強い結束でみんなをまとめてくれるのは、コトです。

「美しいかどうか。つくりたいものをつくれているか」

というゴールです。

みんなの気持ちがコトに向かったときに、いろいろな部署を超えて、同じ夢を見られるようになる。


「仕事はそういうものだと思うので、ぜひ覚えておいてください。たくましくなったみなさんと一緒に仕事ができる日を、私もとても楽しみにしています」

第３章のポイント

「個人」と「組織」の幸せを組み合わせた「家族的経営」を目指す

・個人と組織は対立しない。帰ってきたくなるような職場をつくってみる。
・「やる気」に勝る仕事のパワーはない。本人が何をやりたいのか。まずは社員個人を理解することから始めないといけない。
・リーダーが弱さをさらけ出して、「自分らしく働くこと」を率先しておこなう。
・上から俯瞰しているだけだと「現場感」を失う。現場で感じた怒りや喜びなどの「感情のシャワー」を浴びて、戦略的思考を立てよう。
・自分自身と他者の適切な距離を保つことが大切。「自分の意見」を確立してから「他者の意見」を聞こう。順番が逆だと周りの意見に流されてしまう。

第4章

大量生産と手仕事のサードウェイ

1. ものづくりにおける二つの対立軸

大量生産と手仕事。

この二つは、私がものづくりの世界に生きてきて感じる対立軸でもあり、分かれ道だ。

同じものづくり、同じ商品でも、この両軸に存在する人たちの間には、非常にかけ離れたメンタリティが働いているように思う。

特に途上国において、この二つは人々の価値観を変え、所得を変え、将来を変えているように思えて、私にとっては創業してからの13年、メインテーマだった。

この二つの道が浮き彫りになったのは、バングラデシュで大量生産型の工場を見つつ、2015年からジュエリーの生産地として進出したインドネシアのジョグジャカルタのジュエリー職人の現状を知ってからだ。

もちろんアイテムは異なるが、「大量生産」と「手仕事」の両者が抱える問題の根の深さを肌で感じる経験をしたのだった。


ジョグジャカルタの村で銀のジュエリーをつくっている職人のもとを訪れたとき。彼らは言った。

「地元のお土産屋さんから時々オーダーをもらうんだ。数日がかりでジュエリーを自分の家でつくるよ。でも正直、たくさん売れるわけじゃないからね。だからこの村のジュエリー職人は、仕事がなければ畑に出るんだ。農業をやりながら続けてはいるけれど、収入はわずか。だから息子に継がせたいとは思わないよ」

私の目から見ても、とても高い技術をもっているように思えたジュエリー職人のおじさん。それでもオーダーは年々減ってきていて、収入も少なく、農業をやってどうにか家族が暮らしていた。

「ここには暗黙のルールがあって、お土産屋さんと一度契約したら、絶対に言われた価格でつくらないといけないんだ。見合う金額じゃないことも多いけれど、断ったら仕事がこないしね」

当然、若者もそんな手仕事を継ぎたいとは考えないし、ジャカルタなどの都会に出ることを夢見ている。日本と同じく、手仕事や伝統技術は衰退の一途をたどっている。

一方で、私は多くの大量生産型工場も訪れた。最初はバングラデシュのジュート工場だった。コーヒー豆を入れる袋を1ドル以下で何万個も日々出荷していた。その工場に入ると、熱風がこみ上げてきて、繊維が舞い散っていて、織り機のうるさい音で、1時間もすると耳が痛くなるような場所だった。

24歳でこの工場を訪れたときは、本当にショックだった。なぜならいちばん最初に目に入った織り機の前の人が、私よりだいぶ若く見える女性だったから。

「いつから働いているの?」

「もうずっと前」

「学校は？」

「家族を支えないといけない」

ぐっと突き刺さるような眼差しで答える彼女のような存在が、この工場には2万人近くいた。

麻袋の生産個数は月に10万個程度。

ここでは職人の技術ではなく、機械より人が安いからたくさん雇用していた。

安い労働力を原動力に、中国よりも少しでも安くつくり、大量生産の拠点を目指す国。

ジャカルタで見た手仕事とバングラデシュの大量生産。この二つの道のりは、まったく違う。

私はその数年のうちに、10カ国以上のアジアの国々のものづくりに深く関わり、内情を知った。そして気づいた。

俯瞰すると、二つのタイプの国に分かれる。
〝大量生産型〟の国か、〝手仕事型〟の国か。

大量生産が可能な国というのは、ある意味限定されている。そこには豊富な労働人口が必要になる。人が豊富にいるために人件費の抑制が利くので、中国の代替として手を挙げることができる。経済を支える製造業として、スケールと価格競争力をもって成長を目指す。

ネクストチャイナの限界

たとえば、ベトナムの衣料品工場。圧倒的な規模感と安さ、品質のバランスがいいと見なされている。あるいはベトナムほど良質な衣服はつくれないが、価格は安いと評価されるバングラデシュの工場。

タイのジュエリー工場は圧巻だった。ズラリと並んだ数百人が一気に石留めをして、大規模な鋳造設備を構えている。ミャンマーで見た靴工場も、一日に数万個を生産する量産体制を整えていた。

これらの国々の共通点は、「中国から流れてくるバイヤーをつかみとる」という〝ネクストチャイナ〟戦略。「中国広州に工場があったが、人件費が上がった。ベトナムかミャンマーでテスト発注をしてみよう」。そんなバイヤーをつかんで初受注を取るシーンを何度も目にした。

国の成長戦略としては、とても可能性があると思う。実際、この大量生産型の製造業が牽引して、５％以上の経済成長率になる国々も多い。

そしてその生産の現場には、いつも独特の熱気、ヒトやモノのボリュームとスピードが生み出すエネルギーが充満していた。

空調が不十分で、上半身裸のまま忙しなく布の束を運ぶ男性たち、埃とチリが飛び、絶えず鳴り響く機械の騒音。決してよい環境とは言えないけれど、みんなが淡々と働き、ものすごい数のモノを生み出し、そして毎日トラックがやってきて集荷されていく。そこには、確実に収入を生み出す効率的な労働があった。

〝労働力の力〟を見せつけられる思いがした。

〝量産〟という合理性に、私は素直にうなずけた。「開発援助」という大義のもとに繰り返される議論よりも、現実的な解がここにある気がした。

しかし、私もその国の一つであるバングラデシュに身を置き、実際にそこで働く人たちと触れる中で、どうしても引っかかるものはあった。

「大量生産型のものづくりは、必ずしも底辺の人々の生活を豊かにするものではない」ということ。

なぜなら、大量生産を可能にするのはあくまで「安価な労働力」にある。給料の支払いが遅れることは日常茶飯事で、労働者のストライキは頻繁に起こる。

劣悪な労働環境は国際機関の「コンプライアンス」という監視のもと徐々に改善されている、と〝報告〟されている。けれど2013年、私の工場の近くで、ビルで違法建築を繰り返していた8階建ての衣料品工場が突如、崩壊した。

「危険だから改善してほしい」と日雇いの従業員は訴えていたそうだが、雇い主は先延ばしをしていたらしい。犠牲となった千人を超える人々の中には女性が多かったと報道された。

もっとも過酷なしわ寄せが来るのは、Tシャツに代表される「軽衣料」を生産する現場だ。商品が安く買い叩かれる分、労働者にかけられるコストは厳しく絞られる。「中国の二番手」を担う工場では、中国から来た技術者や職人からベンガル人が露骨に差別され、動物的扱いを受けている現実も見てきた。

瓦礫の山になった工場跡地に手を合わせながら、私は「大量生産モデルでは、国の未来は描けない。労働者の生活の向上が可能な第3の道を必ず見つけたい」と心の中で誓っていた。

この事故以来、アパレル業界における規制はより厳しくなったと言われている。実際、工場の抜き打ち立入検査の回数も増えたと聞くし、改善案の最後の最後ではあるけれど、お給料も少しは上がっているそうだ。

でも、これは「ネクストチャイナ戦略」とは矛盾する流れになる。「安い労働力のうえに成り立つ、安い商品」をつくるための競争力が削がれるから。

じゃ、何を武器に戦うの？——その答えをたぶん、誰ももっていない。

尊い、けれど届かない

一方で、対称的な「手仕事」を得意とする国々もたくさん見てきた。アジアでの代表格は、ラオス、そしてインドネシアのジャカルタ以外の地域、カンボジアなどだと思う。

以前私たちは、ラオスでものづくりをしたことがある。ラオスでは手織り布の品質が素晴らしく、工芸品の域に入るものを1日30センチのスピードで織っていた。単価は異常に高く、日本の着物と同じくらいの価格だった。彼らはおばあちゃん、お母さんからその技術を継ぎ、小さい頃から織り機と共に育ってきた。

売り上げはどうやってつくっているのか。「冠婚葬祭で現地の人が年に一度買ってくれるんです」と笑顔で答えてくれた。

手に取ればわかる、惚れ惚れするほど素晴らしいものだった。その布に感動した私は、それを使ってセカンドバッグや小さなショルダーバッグをつくり、マザーハウスの商品として販売してみた。

とても好評で、そのバッグはお店に置くだけで神々しい雰囲気を放っていた。

つくったバッグが数カ月で売り切れてしまい、私は喜びの報告と共に「ぜひ再発注させてほしい」と工房に連絡した。

「ありがとう。とてもうれしいわ。日本人の方が認めてくれたなんて。再発注の分だけれど、あれはつくるのが本当に大変だから、来年の秋には送れると思うわ」

私は言葉を失った。


せっかくいいものなのに、需要をつくっても供給できない苦しさ。

手仕事の美しさと限界。


「急いでくれ」とも言えずに、感謝を伝えて電話を切った。

このバッグは心苦しくも生産終了となり、私はここでも強く心に誓った。

「手仕事の美しさを残しながらお客様に届けられる、第3の道をつくりたい」と。

美しさと効率をかけ合わせる

このように、「大量生産」と「手仕事」という二つの大きな流れは、世界の製造業のキャラクターを形成し、交わることなくうねりとなっている。

どちらも明るい未来が描けないことを痛感した私が提唱したい、ものづくりにおけるサードウェイとは、「大量生産型のものづくりと手仕事のものづくりのよい部分をかけ算して組み合わせ、真ん中で生まれる新しいプロダクトをお客様に届ける」というものだ。

具体的には、大量生産のよい面とは、工場運営、素材調達、素材管理、生産管理、納期管理など、オペレーションに関するすべてのノウハウ。

手仕事のよい面とは、やはりオリジナルなものづくり。つまり職人の個性、人間が生み出す手の付加価値。それは最終的にはお客様にとって、価値の高いものとなり、市場にとって大きな差別化にもなる。数字には表現できない〝美的要素〟にある。

このそれぞれの魅力をかけ算することは可能ではないか？

大量生産と手仕事のサードウェイ。
それは「美しい職人芸を、効率的なオペレーションでつくる」という手法だ。

私たちのバングラデシュの自社工場では、それをまさに実践している。これまで作ってきた4千種類以上のバッグはすべて職人の手でつくられる。手仕事ではあるが、私たちの工場では毎月1万個近いバッグを生産している。すべて「いかに手仕事を効率的に行うか」を考えて工場をつくってきた。

ほかの工場とのいちばんの違い、それは「ライン生産」ではないこと。
前述したが、生産フロアには、13の小さなグループがある。それぞれが、まったく違う型（モデル）をつくっている。「トートA」のグループ、「バックパックA」のグループ、という具合に。それらのテーブルは、裁断チームが素材を切った後から、最終仕上げまで、一括して、担当する。

だから工場なのに、「僕は、このバッグを担当する」という言葉が、職人たちからよく聞かれる。


さらにもう一つ、このテーブルの利点は、不良品が出たときにどのテーブルが責任者なのかを明確にすることができる。

私たちの商品にはお客様に見えないところに小さい数字の書かれたタグがついている。その数字をトレースすると、いつ、どのテーブルでつくられたのかがわかり、日本から不良品の情報があがると、常に生産テーブルへとフィードバックする仕組みになっている。

各モデルの売り上げが明確になると、テーブルごとの競争意識も生まれ、職人のモチベーションにつながる。


たとえば糊《のり》をつける職人が、一日中糊をつけている姿を従来の「ライン生産」工場で見てきて、感じたことがある。

「この職人さんの技術は成長するんだろうか？」

「一人ひとりの職人の技術力を高めるためには、ゼロからバッグをつくれるようにならないといけない」

テーブル方式は、そんな問題意識から生まれた。

確かにライン生産の方が、スピードは速い。でも、テーブル生産では、手仕事を効率化する小さな工夫がたくさん見受けられる。

たとえば、道具入れ。同じテーブルのすべてのスタッフが手に取りやすいように、どんな形がいいか、どこに置くのがいいか、彼ら自身が開発し、工夫して配置している。

たとえば、「コバ塗り（革の端になめらかな処理をし、色を塗る方法）」。これはもっとも時間がかかる作業だ。彼らは自分たちで、わずか数ミリの革の端に均等に色を塗れるスティックや、染料を入れたポットを開発した。

たとえば、糊をつける作業。一枚一枚塗るのではなく、均等な段差をもって革を配置し、いっぺんに大きなハケで塗る。これもまた一つの小さな工夫だ。

そのような工夫を自分たちで考えることを奨励されるのは、テーブルごとにきちんと「品質」と「スピード」を評価する、全体の人事評価制度があるからだ。

私たちのバッグは、よく「手仕事なのに安いわねえ」と言われる。

それは、こうした効率的な生産の工夫をふんだんに取り入れているからで、そのヒントの多くは、大量生産型工場にあった。

素材管理の方法、前述した評価制度、梱包するときの流れ作業の工程などもそのほとんどは大量生産型の工場で効率性を突き詰めた上に生まれた知見を参考にしている。

理想の工場をみんなでつくる

スタッフは多くなればなるほど、工場は大きくなればなるほど、血を通わせ続けることは簡単ではない。けれども、それは不可能なわけではない。私たちは今、大きな夢を描いている。新しい場所に、理想の工場をつくろうとしているのだ。

今の工場から歩いて30分くらいの場所なのだが、今より4倍の広さがあり、千人規模の収容能力がある土地をようやく見つけ、今年の春に購入した。

これから2年かけて、基礎工事が行われ、工場がつくられていく。

私たちは、この工場をただ、生産するためだけの建物ではなく、コミュニティ型の工場にしたいと思っている。これまでの工場の概念を覆す本当の「第2の家」にしたい。

そのために、日本の建築界で、トップレベルの若き二人組にデザインをお願いしている。建築ユニット「o＋h」の大西麻貴さんと、百田有希さんという。彼らにバングラデシュに来てもらい、工場のみんなにヒアリングしてもらった。


「日本からの建築家??」

「マダム、どんな建物になるの？」

私は「これからみんなと一緒に決めるんだよー」と笑った。

大西さん、百田さんは本当に丁寧にみんなの意見を聞いてくれた。

「お祈りする部屋は大きくね」

「自然と一体型がいいなあ」

「学校もつくりたい」

みんなの夢を盛り込みながら、必死に数字を叩く工場長や副社長の山崎。それを見ながら、胸が高鳴る私。

数カ月して、模型が出来上がった。それを工場のみんなに見せたときの歓声は忘れられない。

「本当にこれが現実になるなら、間違いなく、バングラデシュ、いや、アジアでもっともおもしろい工場になる」。そう思った。

その外観は、工場という概念を覆すものだ。有機的なフォルムで現地の素材をふんだんに使った屋根部分、風通しのよい吹き抜けもあり、それらは私がこれまでつくってきたプロダクトのデザインととても調和する。

段階的な工事になるが、最終的には、工場の前部分は、地域のコミュニティのために開かれた学校や病院などをつくる予定だ。

地域の人たちと連携をとりながら、彼らの生活になじみ、溶け込み、彼らの生活にもポジティブな影響を与えていきたい。

「規模や、生産量が大きくなると温度や哲学が薄まっていく」という警告の言葉を大企業の方々から頻繁にいただくが、それは考え方やアクション次第だと思っている。今、私たちはこのようなビジョンを計画から実行までステップを踏むにつれて、一体感や絆がすごく強くなっている気がするのだ。

大量生産型の武器である〝効率性〟と〝運営の力〟が、〝人間の手による付加価値〟を生むように設計されれば、労働は単純労働ではなく、創造になる。

「労働とは本来は、喜びだった」――私の尊敬するウィリアム・モリスの言葉だ。大量生産もやり方次第で、人間らしく、人間のために、実行できる。

2. 手仕事をどう活かすか

バングラデシュは、大量生産型の工場が多く、国としてもそれが可能なほどの労働人口をもつ、いわゆる大国だ。しかし、世界には人口も少なく、また資源ももっていない小国が多い。

小国では、規模による大量生産型のものづくりが難しく、その国固有の伝統技術や手仕事で、生きていかなければならない。

たとえば、ネパールは人口約２９３０万人で、大量生産型の工場もかつてはあったが、マオイストと呼ばれる共産主義者により多くのストライキが起こり、その結果、大規模工場はほとんど姿を消した。

インドネシアも、ジャカルタやバンドンという街は人口が多く、靴などの大型工場がたくさんあるが、それ以外の島や村では、工場というものを見るのも珍しいほど、経済規模がとても小さい。

インドもアジアの大国ではあるが、デリーなどの大都市以外のほとんどは、農業と同じくらい、手仕事の従事者がとても多く存在している。

こうした小国や小さい単位の経済規模において、手仕事はほとんどの場合、衰退産業であり、明るい未来は描けていない。自分たちががんばって貯蓄をし、子どもたちには、都市や海外へ出て働いてほしいと願っている人たちとも幾度となく出会ってきた。

このようなとき、どのように手仕事のよさを最大限に活かし、規模ではない経済で自立することができるだろう？

私がこれまで挑戦してきた事例をいくつか紹介したい。

手仕事にオペレーションを

２００９年から進出したネパールのカトマンズという場所がある。そこでは私たちはシルクのストールを生産しているのだが（詳しくは第5章に）、手つむぎ、手織り、手染めの生産工程は、手仕事のオンパレードだった。

さらに、難問は、この手織りの作業は、首都カトマンズから2、3時間離れた農村部や山岳地域の各家庭で行われていたことだ。４００人くらいの女性が、家の中で作業をしていた。

「人によって手織りの密度が違う」「染める人によっても同じ藍色でもまったく色が違う」、そんな個人の手仕事によるブレによって、何が不良品で何が良品か、まったく基準がつくれないくらいの状態だった。

そこで、私たちは、現地で活動するＮＧＯと協力し、各家庭を巡回し、品質基準の徹底を手伝ってもらうことにした。

ＮＧＯとは品質基準の共有を徹底し、村から集めてきた商品は、私たちの品質管理担当によって、最後に厳しくチェックする。品質は徐々に上がり、10年以上続けた結果、最初は約半分が不良品だったが、今では５％程度の不良品率にまで下っている。

品質がぶれやすい手仕事にも「基準の範囲」をつくり、それを共有し、改善し続けるオペレーションを構築していく。

それを徹底して、続ける。そうすると、つくるほうにもきちんと品質基準が確立されるようになる。

欠落を価値へ変える

当たり前のように、大量生産では、価値基準は一つだ。検品基準は、統一され、それ以外のものは明確に排除される。

しかし、私たちがそうした小国で扱っている現地の素材は「天然素材」だ。

たとえばスリランカの採掘場で採れる天然石。ブルートパーズやシトリンなどスリランカは世界でもっとも多くの種類の天然石が採れる。

天然石は、よく顕微鏡で観察すると、曇っていたり、泡のようなものが見えたりするときがある。それを「インクルージョン」という。宝石の結晶体になる成長途中に取り込まれた液体や気体の内包物だ。

これらインクルージョンがある石は、それが天然の作用によるものであっても大量生産の一律基準では「インクルージョンがないもの＝良品」として、不良品扱いされてしまう。

しかし、私たちは、それを自然の恵みから生まれた固有の、オリジナルなものとして認識している。不良品ではないと私は思う。当然、天然石の形状を著しく変化させるようなものは除外するが、一つひとつ石を観察して、それがお客様にとって価値あるものと見なせば、商品化している。

その作業は、とても労力がかかることだし、検品基準をつくるのも大変だ。でも、それは手仕事だからこそできることだと気がついた。石をカットするとき、インクルージョンを見て、商品としてふさわしいか見極める工程を入れる。一つひとつの石とちゃんと向き合える手仕事でないとできないことだ。

そして、もう一つ大事なことは、そうした固有性を、その産地オリジナルなものとして、お客様にきちんと説明することだ。そのための販売スタッフの教育や、販売促進の企画をしっかりおこなわなければならない。

つくり手や産地側の自己主張に終わってはまるで意味がない。

「これは、天然石がつくられる過程で、土壌から入った気体の一部が泡のように見えているんです。私たちは、そうしたものも価値として考えているので、現地の職人が判断して、天然の形跡は残そうと取り組んでいます」

マザーハウスのジュエリー専門店では、そんな説明をしている。

「そんなものは買えない」というお客様もいるかもしれない（これまでお会いしたことはないが）。でも、ほとんどのお客様はきちんと説明をしたら、「私だけのオリジナルの石なんですね」と一期一会の天然石や天然素材との出会いを楽しんでいただけている。

いずれにしても良品、不良品の境界線がつくり手、買い手で異なる場合は多い。〝美しさ〟の基準を話し合い、さらにそれをアップデートしていく姿勢を持ち続けていたい。

手仕事の魅力は引き算で際立たせる

手仕事のものは、高い。多くの人が持つ印象だと思う。

その価格の高さが、手仕事による経済的自立を妨げている場合も少なくない。

「もう少し安かったらもっと売れるのになあ」。

こんな会話をした記憶がある。

「なぜそんなに高いの？」

「これをつくるのには1週間もかかるんだ」と、胸を張る職人。

「でも、見ただけではわからないね」

「素人にはわからないさ。この内側を見てごらん。こんな見えない場所にも僕たちは手間ひまかけているんだよ」

「それはわかるけれど、この価格だったら誰も買えないよ……」

ここでも最終ゴールはなんだろうと、私は問いかける。

技術を見せることが、ゴールではないはず。お客様に届き、お客様の生活を少しでも明るくよいものにすることが、ゴールなはず。

もっと言うと、その見えない場所までへのこだわりは誰のためのこだわりなのだろうか？

「これは手じゃないとできないんだ」と説明を受けるが、従来の機械を調整することで、可能な生産工程も多い。

手仕事にも、お客様にオンリーワンの価値として伝わるものと、つくり手のこだわりによるものと二種類ある。この二つが、それぞれどれくらい一つのプロダクトの中に組み込まれているだろうか。そして、後者の場合は、効率化することができないだろうか？

そんな思考で生産工程を分解して、お客様に届く価格帯にする努力も手仕事を活かす方法の一つだと思う。

もう一つ、美的な引き算も大事だ。

たとえば、日本の伝統工芸もそうだが、素材も色もデザインも、「ザ・手仕事」のこだわりが凝縮されたものが多い。たとえば天然の素材に対して、個性的な形、色も複数使いされたものだと、こだわりが詰まりすぎていることがかえって情報過多に映ってしまうことがある。引き算することで、伝えたいことをより研ぎ澄まし、最終的にお客様の目をキャッチするプロダクトになるのではないかと考える。

これは派手な伝統技術が多いアジアの国々で、私がいつも心がけているアプローチの一つでもある。

手仕事をどのように活かすか。
どう活かすことが、お客様にとって最大のメリットになるか。
それを考え抜く姿勢が大事だ。

こうした考えを私に教えてくれたのはお客様との接触だったので、私は手仕事が生きる道が、イコール、つくり手とお客様の距離感を縮めることが、いちばんの近道であるとも考えている。

サードウェイなものづくり

大量生産と手仕事では働いている人の考えも、価値観もまったく違う。おそらく「仕事」という言葉の意味も違うかもしれない。だからこそ、これまでこの両者は同じ世界にいるようで、実はまったくと言っていいほど交流がなく、むしろ批判し合ってきたのではないだろうか。

対極として見られることに慣れすぎて、お互いのよさを発見して組み合わせてみようという発想すら、もてなくなってしまっていたのかもしれない。

私はそこに大きな可能性を感じている。

大量生産と手仕事のよさをピックアップし、かけ算し、新しい付加価値を生み出す。

それこそが、また新しい需要をつくり上げる可能性を秘めていると思うのだ。


妥協じゃない、新しいものづくり。

これこそが、サードウェイ的ものづくりだと、私の胸はずっと高鳴り続けている。

新しい付加価値はきっと、新たな価格や形状も含んだものになるだろう。

バングラデシュで実践しているサードウェイの方法は、必ずしもネパールやインドネシアで応用できるものではない。


それぞれの国に適した、異なるサードウェイが必ずある。

それを見つける旅が、本当に楽しい。


最近立ち上げたインドのマザーハウスでは、ガンジーの時代から紡がれていた手紬手織りのコットン生地（カディ）を、お洋服にしている。

ここでもまた、手仕事の村にいかに効率性を取り入れられるかの実験をしている。そして効率的になる一方で、もっともっとその人にしかできない技術や、手仕事の付加価値の高みを目指していきたいと思っている。

最終的には規模でも質でも、その国に合った方法で、国や地域や職人の「個」の力を引き出すことができたら――。価格競争を避けながら、国際市場のスポットライトをすべての国に当てることができるのではないか。私はそれを夢見ている。

第4章のポイント

「大量生産」のよさは効率性の追求。
それを「手仕事」のよさを引き出すために使う

・こだわりの「手仕事」は美しいが、品質がぶれる。「品質の基準」をみんなと共有して、工夫を続けよう。
・天然素材は不均一で同じものは存在しない。それを「オリジナルな魅力」と考え、差異の由来を伝える努力を。
・職人技はとても尊い。プロにしかわからない隠れた魅力もある。でも、それがひとりよがりの仕事になっていないか、お客様に本当の価値を提供できているか、常に考え抜こう。
・「大量生産型」の仕事をしている人と、「手仕事型」をしている人。あなたはどちらだろう？ 自分と真逆のタイプの仕事をしている人から学ぶことはたくさんある。

第5章

グローバルとローカルのサードウェイ

1. ここでしかできないものをつくる

グローバルか、ローカルか。

10カ国の製造・販売の国をぐるぐると回りながら、それぞれの国のローカルな文化や魅力に触れてきた。そしてそれを、グローバルな場所にいちばんいい形でお披露目したいと38店舗まで広げてきた。

ただし、この二つはときにはぶつかる。

ローカルの文化とグローバルの潮流が合わないこともある。グローバルの力がローカルを飲み込んでしまうこともある。どうしたらいいのか。二つの世界をうまく組み合わせ、新しい価値を生み出すことはできないか。

私のサードウェイ哲学を育んできた、対立軸と言ってもよいテーマだ。

いくつかの途上国で仕事をしてきた13年間。私は現地でさまざまな人たちと出会ってきた。自分の国から出たいと言う人。母国から一歩も出たことがなく、海さえも見たことのない人たち。ローカルな世界で生き抜く人たちに囲まれ、仕事をしてきた。

私はいつも「異国人」として新しい土地に飛び込んできた、6カ国の途上国で現地工場の運営にこだわって、ときには成功し、中にはまだ道半ばという国もある。その道のりでさまざまな生産工場を訪れ、常に悩みながら、生産に携わってきた。

ところで、これから経済を発展させようとしている途上国の製造業は、一つの重要な「分かれ道」に、とてつもなく悩んでいる。

「Export（輸出）なのかDomestic（自国向け）なのか」という問いだ。

自分たちの商品を、海外に輸出するためにつくるのか。あるいは自分の国のために生産をするのか。分かれ道に立たされる。

どちらがよい悪いではない。それぞれにメリットと、デメリットがある。

これからぐんぐん成長することが期待される国にとって、自分の国の中のニーズはまだまだある。国内向けにつくっても売れるし、売り上げもすぐにアップする。それに何より、せっかくモノをつくるからには、まずは自分が住んでいる国のお客様に喜ばれる商品をつくりたいという思いもあるかもしれない。その気持ちはとてもよくわかる。

一方の「海外向けの生産」。スケールが大きいビジネスにつながる可能性はあるけれど、そんなに単純な話でない。

どっちのチャンスとリスクをとるか

輸出向けの生産の場合、どこの国と付き合い、どんなバイヤーと付き合っているかで運命が分かれる。私は「過酷な現実」をたくさん見てきた。

とある工場は、日本の大企業に生産を完全に支配されていた。日本の企業側の景気が悪くなったら一斉に数百人もが解雇された。また、ある国では政情不安に伴って、発注元のバイヤーが突然オーダーストップ、すぐ廃業に陥った。

工場は単なる生産の場ではない。
そこでの仕事を頼りに生きている現地の社員とその家族たちがいる。
人が解雇されれば、家族だけでなく地域全体が傷つく。

そんなシーンを私は数多く見てきた。

海外頼みの輸出戦略は、一気にビジネスを広げるチャンスであると同時に、大きなリスクでもある。

「自国にまだ需要があるのなら、安定的に国内向けに生産を続けることが理想なのかもしれない」

私はそんな保護主義的な思想をもっていたこともある。海外の大手の会社やグローバルな競争にさらされてきた現地の工場の様子を見るたびに、思いを強くしていた。

でも、自分たちの国向けだけにつくっていると、成長の機会を逃すということもある。自国内のニーズが十分でなかったり、自国自体が政治的にも非常に不安定だったりすると、観光に依存してしまったりする。さらには、自国の消費者の目が成熟していなかったりすると、品質をアップさせるチャンスを逃してしまうなどの問題も多い。

ローカルの力でグローバルに生きる

いろいろな途上国の工場を見てきたが、「自国向けの工場の商品」と「海外向けの商品」の品質における差は大きいのが事実だ。

「グローバルの市場」を相手にしていると、国内で勝負しているとき以上に、絶対に不良品を出しちゃいけないという切迫感が生まれ、納期もビジネス感覚もすべてにおいて国際市場を意識した改善が行われる。

ミャンマーのある工場では、「KAIZEN」と書かれた看板が掲げられ、マネジメントは毎日グローバルな視点で工場運営の進化を見せていた。一方、ネパールのある会社の自国向け工場。視察に行ったその現場では、カシミヤに似た安価なアクリルをカシミアと偽って生産し、販売をしていた。「ネパールでは誰も調べないよ！」と笑うが、海外向けでは許されない。

グローバルに生きるか、国内に留まるのか。とても難しい「分かれ道」だし、進む方向によってとても異なる成長をたどることになる。

そんな中、私のサードウェイ的な思考は、「ローカルの力で、グローバルに生きる」だ。大事なことは、〝ローカルの力〟を存分に活かしているかどうかだ。

私が見てきた輸出向け工場の中には、素材も生産設備も、またひどいときには職人さえも海外から連れてきた人に頼り切っている場合がほとんどだった。場所は自国だけど、機械も、それをつくる人も、全部海外から持ってきているのだ。

中国から素材を仕入れ、中国でつくられた中古の機械で、働く人だけ、安価であるという理由で自国の人により生産が行われているケース。

もちろん地理的には、その国でつくっているのだけれど、そこで生産することの理由は、「価格」以外には見つからないときが多い。

そうなってくると、そこで目指す「グローバル」は「ネクストチャイナになる戦い」とほぼイコールだと私の目には映る。


私がこれまで立ち上げてきたすべての国でこだわってきたこと。それは——。

現地の素材と、現地の職人と、現地工場をつくり、
現地人によるマネージメントのもと、
現地検品をして出荷すること。

それが私の定義する「現地生産」。

言葉で言うのは簡単だが、実際に貫き通すことは難しい。でも、自社の発展の先に、その国の発展を思うと、遠回りでも貫きたい私のポリシーだ。

「ベストオブカントリー」を探して

ローカルの力でグローバルに戦うと決めたとき、一つの言葉をつくった。

「ベストオブカントリー」。
すべての国が、自国内のベストを尽くすという発想だ。

マザーハウスがものづくりをしている国だけを見ても、その個性はバラバラだ。バングラデシュは1億6千万人以上が住んでいる。経済成長率も7%もあり、かつての「最貧国」の姿はだんだんと見られなくなってきた。訪れるたびに街が発展している印象がある。

一方、ネパールの人口は3千万にも満たない。バングラデシュの人と比べて、のんびりしている人も多い。ミャンマーは、5千万人台。それぞれが違う。それぞれの国でできることは当然異なる。

オリンピックがそうであるように、ものづくりもそれぞれの代表作を「せーの」で出してみたら、一体どんなものが出るだろう？という感覚を私はマザーハウスを経営してから、もつようになった。

バングラデシュでは最高のジュートや革を使って。スリランカは世界でもっとも多くの天然石が採れるからジュエリーを。インドは世界最大の手織り人口を抱える綿の最大生産地、だからこそ素敵な服を。

全世界で似通ったものをつくり競い合うのではなく、自分たちの「ベスト」を考えてみる。

その思考こそが、グローバルとローカルの間を積極的に模索するサードウェイであり、国の将来像を見据えるうえで大切だと私は思っている。

そのほうが、おかしな摩擦や、価格競争からの人件費圧迫、ストライキなどといった負のスパイラルを生まないのではないか。

埋もれていた「黄金の糸」

バングラデシュは、ジュート（麻）の主要輸出国だが、そこで生地の加工をしていたとき、よく現地の人から「ジュートなんて斜陽産業だよ。今はみんなビニールだし、そんなものにお金も時間もかけるっていうのは間違っている」と言われた。

当時25歳だった私は「あなたたちのゴールデンファイバー（黄金の糸）は、もっともっと輝くべきだ」と言い張っていた（10年以上経った現在では、バングラデシュではジュートの価値が再認識されてバッグがとても人気を博し、ジュートの値段は高騰している）。

このように、その国の人自身が、グローバルに通用するローカルの魅力に気づいていないことが多い。

バングラデシュは人口が多い分、どんどん自国に進出してくる先進国の工場に対して安い労働力を提供できてしまう。ある意味、そこを売りにして「ネクストチャイナ」を目指すことは可能だし、実際になろうとしている。でもそれでいいのだろうか。

商品を届ける先が「グローバル」であっても、個性を捨てて「国際市場」に合わせてしまってはもったいない。

私が言う「ベストオブカントリー」は、たとえグローバルなマーケットを相手にしても、自国でしかつくれないオリジナリティにこだわるということから始まる。

自分たちの得意分野や付加価値の高い素材、技術の力を掘り起こし、グローバルな品質基準やデザインをかけ算していく。

こうなってくると、最初の問いである「海外向け」なのか「自国内向け」なのか、という問いはあまり関係なくなる。海外に輸出する前提でも、自国内の消費者に届ける場合でも、ベストオブカントリーの先には必ずオリジナリティがあるはず。

海外という広い舞台に立ったとしても、何も同化する必要はないのだ。それはネパールにもあるし、ミャンマーにもある。インドにもあるし、スリランカにも、インドネシアにもある。

猛反対にあった２カ国目の進出

グローバルだからこそ、ローカルを徹底する。

そんなふうに考えるようになった強いエピソードは、ネパールで生まれた。

前述したが、今では、ストールをつくっているこの国でも、最初は、簡単ではなかった。

バングラデシュで成果を出せたら、ほかの国でも同じようにゼロからビジネスを始めるのは、私にとってナチュラルな決断だった。「次の途上国に行くのが、当然でしょ？」というくらい。

行き先はもう頭にあって、バングラデシュから片道45分で飛べるネパール。距離的な魅力もあったし、当時はネパールがアジア最貧国になっていて、私自身がとても使命感を持っていたのだ。

カトマンズに降り立ってみると現地の「ダッカ織り」と呼ばれる伝統的な布地が最初目に入ってきた。ストライキや停電10時間以上など、厳しい環境の中でものづくりをしている人と出会い、バングラデシュの経験が活かせると考え、ダッカ織りを使ってバッグづくりに挑戦した。

ところが、それを提案した株主総会は反対意見が続出した。

「まだバングラデシュでも利益が上がっていないのに、なぜ挑戦するのか？」

反対意見しかなかった。

でも、何度考えても、バングラデシュでできたことをほかの国でも応用できなければ、マザーハウスの存在意義はないと思った。一国に閉じない戦略こそ、「途上国発のブランドをつくる」というビジョンに忠実だったから。

私は、株主総会で泣きながら「やらせてください」とお願いした。

背水の陣で挑んだネパール進出だったけれど、蓋を開けてみれば高いハードルの連続。

慣れないコミュニケーションに翻弄され、ときに裏切られ、素材もニセモノが混ざってくるしで、どこに立って、何に頼って、ものづくりをすればいいのか迷う時期が長かった。

なにせ全然、商品ができない。そのうち、何千万円にも赤字がふくらんで、ネパール製品専門で立ち上げた店舗も撤退させられた。

得意技でしか勝負できない

ネパールで、私は頭を抱えて考えた。

彼らの得意なものの中でできる、いちばんのものづくりって何だろう。ローカルにしかなくてグローバルで勝てるものはなんだろう。

いろいろなところを歩き回って、たくさんの人に会った。ネパールの「ベストオブカントリー」つまり勝負できる「得意技」を探したのだ。

自分たちの過去に成功した正攻法（このときは、バングラデシュで培ったバッグづくりのノウハウ）を持ち込んだり、マーケティング的にもっともらしい方法論を説こうとしたりしても、そもそもそれがネパールの強みとつながっていなければまったく意味がない。長続きしない。最終的にお客様に選ばれるものにはならない。ほかの国に「合わせる」だけではいけないのだ。

ずっと悩んでいると、「ローシルク（生糸）」という絹をつくるもとになる、養蚕の存在に気づいた。そして、蚕から糸を取り出し、つむぎ、地元のお母さんたちが、家の中で織り機にかけて、布にしていた。

私たちが普段日本で目にするシルクのほとんどは中国製だが、それらは「精錬」という加工が施されている。それによって、光沢感を出しているのだが、ローシルクとは、その加工をしていない、生の絹糸を使用している。

よって、繊維の中に存在する節がそのまま残り、生の糸で織られた生地は独特な立体感があり、素朴で自然で、私にとってはネパールの大自然と完全に頭の中でつながる美しさだった。

私は、その〝自力〟に賭けようと思った。

ローシルクを使った〝ストール〟でベストオブネパールをつくろうと考えを変えた。しかし、工場で長時間の停電がたびたび起こるインフラの不安定さが、生産の障壁になった。

そこで電気がなくても織れる手織りで、その後の染色も、大型の染色工場ではなく、大きな鍋で、染め上げる技法を選んだ。さらには、染めるための染料も、ネパールの花や木の幹などから抽出された草木染めを選んだ。大自然の力を活かした方法は、かえって多くのお客様に「オリジナルな色合い」と感じていただいた。

彼らが長年その地でナチュラルに続けてきた持ち物にビジネス的な価値が生まれ、今では農村部の女性たち、養蚕農家にも貢献できていると思う。生産する彼らにとっても、これまでの生活の延長にあるものづくりだったから、無理なく続けることができた。

「ローカルの手づくり」がもつ競争力

こうして試行錯誤の末にできた、「現地生産」のストールは、マザーハウスのお店に次々と並べられた。既存の機械によって、均一の企画で織られた他社製のストールと比べて、ローシルクは明らかに差別化されていた。どこか〝それにしかない〟風合いがあるのだ。

クリスマスになるとギフトのアイテムとして全商品の中でも最上位にくることもあった。

「これは贈り物にいいわ」

「一枚で冬がとても暖かかったから、別の色を買いたい」

そんな声が、次々と届く。

「手紡ぎで手織り」ということは、裏をかえすと「少量の生産が可能」ということだ。きめ細かな対応ができ、種類もお客様のニーズに合わせて迅速にそろえられる。ローカルの手づくりが、ビジネス上のメリットをもたらしたのだ。

私たちは、10色以上のカラー展開を草木染めでおこなった。お店の雰囲気が華やかになり、店舗を彩るアイキャッチ効果も高まった。

早く結果を出さなければとずっと焦っていた私は、「そうか」と腑に落ちた。

自分たちの成功パターンを当てはめようなんて、間違っている。

想定した答えをぶつけにいくのは間違いで、

「今、そこにあるものを最高にする」ということだけで十分なのだと悟った。

ネパールでは、軌道に乗るまでに5年もかかったし、産みの苦しみをさんざん感じた思い出ばかり。けれど、この2カ国目の挑戦があったから、そこで「ベストオブカントリー」という考え方を磨き上げることができた。だからこそ、３カ国目以降のインドネシア、スリランカ、インドなどへの進出が実現した。

今後も、一つひとつ、彼らのベストとはなんだろう？と考えながら、開拓の旅を続けたい。

2. 自分を知る、相手を知る、連携する、競争する

グローバルでビジネスをする難しさは、生産だけではない。

私たちは販売拠点としても、台湾、香港、シンガポールと海外に9店舗をもっている。お客様に製品を売るということに関しても、日本の成功が通じる部分とそうでない部分がある。すべての国でそうだ。大事なのは、相手を知ろうとするアクションと時間、そしてそのための覚悟。

つい先日シンガポールのチャンギ空港に隣接するショッピングモールにお店を出した。世界の高級ブランドやグルメスポット、映画館などが並ぶ最先端の商業施設だ。

「途上国から世界に通用するブランドをつくる」というコンセプト。その考えは日本では通用してきたが、シンガポールの現地の人には、すぐに理解してもらえなかった。たとえば、〝途上国〟と言っても、シンガポールには裕福なベンガル人やインド人がたくさんいる。〝世界〟と言っても、それが何を示すのかあいまいだった。自分たちが大切にしているブランドを日本と同じようなスタイルで、消費者の間に浸透させるのは非常に難しいのではないかと思った。

シンガポールは比較的新しい国で、移民も多い。海外の金融関係の企業が集まるグローバルな都市でもある。生活スタイルも違って、外国から積極的に家事労働者を受け入れているので、料理や掃除を「外注」している家庭も多い。

そんなふうに日本と国の成り立ちも特徴も違うシンガポールでは、違う「コンテキスト（文脈）」に訴えて、マザーハウスのブランドを広める必要があったのだ。

私たちは自社の理念が書かれたポスターをすぐ変更した。

どんな第一印象を与えるか

新しいポスターでは、「ＦＲＯＭ　ＪＡＰＡＮ」ということ、「日本で29店舗あるブランド」というシンプルな事実を、ファーストインパクトとしてお客様に伝えることに切り替えた。

日本経済はかつてのような「勢い」が失われているとは言われているけれど、日本製であることの「信頼性」は世界ではまだまだ非常に高い。最初の信頼を勝ち取るために、お客様に伝えるための情報の順番を整理していったのだ。

そして、次に製品面ではうちの商品が「本革である」ことを伝えた。シンガポールでは、日本の消費者と違って、「本革」か「合皮」かどうかを、見極めることに苦労している人も多いと聞いていた。

同時に「革は扱いにくい」という大きなネガティブイメージを払拭するために、日本でもやっている「ケアや修理」のサービスを大きくレジカウンターに表現した。

そうした〝相手を知る〟アクションと覚悟は、現地に根付くために欠かせない準備体操のようなものだと思う。

自分たちが何者か、相手が何者であるか。

舞台が世界でも、どこでも、その二つが十分に理解できたときに、新しい自分たちの可能性も発見できるし、相手にも、新しい価値の登場を知らせることができる。

グローバルの前に友達を探す

グローバルとローカルという二つの軸は「1か100か」という問いではない。いきなり全世界に出るのではなく、まずは隣国や同じ大陸内の国に進出するなど、ステップを踏んでいくことも有効だ。

そして、共通性の高い国同士で協力していくのも一つの手段だ。「1カ国の力」にこだわらなくてもよい。

相性の良い複数の国同士で連携する「ローカル連合」。ローカルな力がタッグを組むことで、グローバルに生きる道が拓けてくることもある。

小さな国が一気にグローバル競争に振り切ると、大きな企業に生産を独占されて、いつの間にか支配されてしまったり、国際政治に翻弄されたりしてしまうケースもある。グローバルな市場を意識するあまり、力の差がありすぎる〝巨人〟と戦おうとしたり、協業しようとしたりすると、かえって自分たちの体力を消耗してしまうのだ。

こんなときは背伸びせず、自分たちにとって身近で「適切な」仲間探しからスタートしたらどうかと思う。

たとえば、ミャンマー。それはマザーハウスにとって6番目の生産地だった。現地のルビーを採掘場から掘り起こし、職人探しから始めた。今では、現地でジュエリーをつくっている。

いろいろと試行錯誤をしているうちに、ミャンマーは、石のレベルは非常に高いものの、それを加工する技術、特に研磨する技術にまだ改善が必要だということがわかった。

そこでマザーハウスの自社工場があるスリランカから職人を派遣した。彼らは、ジュエリー産業が盛んなスリランカから、たくさんの道具を持ち込んでくれて、ミャンマー職人の技術育成に貢献してくれた。スリランカの職人の助けを借りることで、ミャンマーのルビーはさらに輝くものとなった。

ミャンマーとスリランカ。先進国の大きな資本の手を借りて一気に設備投資をするのではなく、同じような規模の国と組むことで、無理のない範囲で、成長を加速させることができたのだ。

インドのカディと呼ばれる手織り布をネパールに持ち込んでの染色加工にもトライしている。インドの染色工場では最小生産単位が大きく、小さくておもしろい実験は、リスクが伴う。そこで小規模生産を開拓したネパールに持ち込み、現地で培った手による染色技法をインドの生地の上に施すと、新しいカディが生まれた。

どちらかが、どちらを助けるという「上下関係」は生まれない。

カディの例では、インドにとっては新しい実験的な手法をネパールで試せたし、一方のネパール側は、自分たちにはない手織り布を扱うことで視野が広がった。

国と国のかけ算により、新しいクリエーションが生まれる。未知の国同士の化学反応というのは、ものすごく楽しい実験なのだ。

そして、いちばん楽しいのは、新しい国で出会った人々の価値観や思考がぐんぐん変わり、成長していく様子をこの目で見ることだ。

異国の職人たちを出会わせる

ローカルな国や技術同士が組み合わさって、グローバルな競争力を身につける。私たちはこの考えのもと、毎年職人たちを同じ時期に日本に招き、交流をしてもらっている。

もちろん、自分たちと似たような規模や状況の「ローカル」同士の国の連携とはいえ、苦労がまったくないわけではない。先ほど紹介したようなすべてのプロジェクトについても、始まった頃は、すべての国の職人たちがやや尻込みしていた。

たとえばインドの生地をネパールに送るとき、「ネパールでちゃんとできるの？」と不安がるインド人がいたり、スリランカの研修を実施するとき「スリランカってどこだよ」と少し軽口を叩いて、いぶかしがる感じのミャンマー人がいたり。

そのたびに私は笑顔で「レッツトライ‼」と言ってきた。

彼らは少しずつ隣国を受け入れる。そのうち「向こうでの通関は大丈夫か？」「何か困ったことはないか」とお互いに気を使えるようになってくる。メールのやりとりも頻繁になってくる。

それぞれの国を理解して、自分たちのよさをさらに理解する。

そのスパイラルこそ、サードウェイであり、

それはただの2カ国を足して割ることではない。

相手に歩み寄った先に、自分たちの価値の進化、そして深化を図れる、まさに「第3の道」なのだ。

ジャパニーズを意識する

ローカルを活かしてグローバルに生きるという意味で、私が常に感じてきた強みは、「日本人」であるということだ。

これを読んでくださっているあなたが、もし世界を舞台に仕事をしたいと思っているのなら、朗報がある。「日本人」という国籍は、世界で、特にアジアで重宝され、ポジティブなイメージによって受け止められている。

2008年、アフリカのレソトという小国に行った。日本から飛行機を乗り継いで38時間のその国で、私は空港で出会った一人の中年のレソト人の女性から、衝撃的なことを言われた。

「あなた○○人?」

「いいえ、日本人です」

「ならば、胸から日本の国旗をぶら下げて歩くといい。日本人ならウェルカムだ」

あるアジアの国の資本が入った工場での、現地人の労働環境があまりにもひどく、反発が起きていたことが理由だったのだが、むしろ私は日本人がレソトという小国でもあまりにも好感度が高いのにびっくりした。

２０１５年、ネパールで大きな地震があった。現地の寺院や神社が崩壊した。彼らが大事にしてきた聖地の復興に手を挙げる外国企業や、国際機関も多かったが、「日本人に復興してもらいたい」という現地からの強い希望を聞いた。

そういった信頼や期待をアジア全域で感じる理由はたくさんある。その一つは「ＯＤＡ（海外開発援助）」の力だ。

日本がつくってくれた橋、日本がつくってくれた学校、日本との技術支援によりつくられた品種、日本の技術者が教えてくれた織り機……。私たち日本人は、先輩方が山ほどの貢献を世界にしてきたのだ。

だったら、その恩恵を私たちは１００％余すことなく受け止めて、さらにその力を世界への貢献のために使うべきではないだろうか？　それが何よりの先人への恩返しにもなるんじゃないかと、私は思う。

もちろん歴史を振り返ると、日本に対して、よくないイメージをもっているアジアの国もある。

さきほど出店したことを書いたシンガポールでも、第二次世界大戦中は日本軍が「侵略」したため、その支配下の時期をネガティブにとらえることもあったと聞く。ただ、その後も、アジア各国や日本がお互いになんとか理解し合い、さまざまな努力を重ねて発展してきた。

先輩たちが培ったジャパニーズブランドを、最大限活用したい。

私は常にそう思っている。

もっともっと地理的にも精神的にも世界と遠かった時代に、勇気をもって、海外に出ていった先輩たちがいる。私が一人でバングラデシュに降り立ったこととは比べられないぐらいの苦労を味わった先人たちがいる。彼らの覚悟、勇気、努力を考えると、私はいつも「自分なんてまだまだだ」と思う気持ちがある。

そんな気持ちがあったからこそ、受けた一つの講演会がある。

パキスタンで日本人がバングラデシュを語る

ある日、一通の招待状をもらった。

「パキスタンの製造業で働く人たちが集まる講演会で、バングラデシュの成功体験を話してくれませんか」

ＪＩＣＡ（国際協力機構）からの依頼だった。日本人の私が、パキスタンでバングラデシュのことを語るというのも不思議なことだ。でも、少しややこしいとはいえ、私はこんなふうに「近しい国同士」がお互いを理解し合おうというときに、橋渡しできる人になりたいとずっと思っていた。違う国に住む同じ思いの人々をお友だちにするのは個人的に得意だし、そもそも日本人は、こうした仲介役にもっとも向いているとも思うのだ。

だからこの依頼は引き受けようとすぐ思ったのだが、実際のところ、私は胸がドキドキした。そのドキドキはポジティブな興奮ではなく、正直に言うと、びびった。身の危険を感じてしまったからだ。

バングラデシュで生きていると、パキスタンやインドに対する強い嫌悪感をみんなが抱いていることを感じる。もともと英国領インドの一部だったパキスタンは、インドの独立と同時にイスラム教徒が住む地域を中心として独立した。その後、バングラデシュ（当時の東パキスタン）が独立し、現在のパキスタン、バングラデシュの二つの独立国に。インドやパキスタンが地下核実験を行ったこともあり、この地域はいつも政治的な緊張に包まれている。

もともと心配性で臆病な私。多くの人の前に立ち、国際的な緊張の中で、パキスタンで、バングラデシュの可能性を伝えることは大変な挑戦だった。

ただ、ＪＩＣＡの人から事前に、「製造業で輸出したい」「世界に打って出たい」と夢を抱く現地企業の人たちが私の講演を聴きに来ることを教えてもらった。それだったら、私にできることがあるかもしれない。

そんな気持ちで、パキスタンの都市、カラチにつき、ステージに立った。

最初から最後まで、私は自分が思っていることを、やってきたことを、全力でぶつけた。パキスタンで訪問させていただいた工場や、見せていただいた素材の可能性も全部素直に伝えた。

その先に浴びた、スタンディングオベーション。今でも忘れられない。

「バングラデシュができるんだから、僕たちもできるはずだ」

シンプルな強い感想が聞こえた。

講演の後、民族衣装を着た、パキスタン北部のラホール出身の女性たちが私に近寄り、「こんな小さな体の人（私のこと）でもできるなら、私たちもがんばろうと思った」と握手を求めてくれた。

現地のメディアの方が、「Small Japanese lady talks about her challenge in Bangladesh（小さな日本の女性が、バングラデシュでの挑戦について語った）」と報じてくれた。

私はどこに行っても、「スモール」と言われるし、「社長らしくない」と言われてしまうのだが、こんな私だからこそ、バングラデシュの挑戦が、パキスタンの人たちにポジティブに映ったことはたしかだったと思う。

日本人である私だからこそ、国と国をつなぐことに少しでも役に立てた実感があった。

私たち日本人は、自分たちが思っているよりずっと国と国の橋渡しができる可能性がある。

一方で、「日本人のステレオタイプ」はいい意味で覆していきたいと思う。

たとえば、こんなふうに日本人は思われている。

「意思決定が遅くて、品質には世界一厳しい。そしてクリエイティビティがない」

慎重なお国柄、といえば聞こえはいいが、どうしても欧米や、中国や韓国と比べると、量は少ないのに、目は厳しい。だから、工場にとっては、やりたがらない相手だと言われることが多い。

日本人のビジネスパーソンにはそんなイメージがつきまとうようだが、私は、日本人と一緒にやることで、品質が向上した工場もたくさん知っているし、それが誇りとなっている工場も多い。日本人のイメージも新しくつくっていきたい。

リアルな移動がもたらすもの。５カ国、銀座集合

２０１８年9月に松屋銀座で開催したサンクスイベントでの一幕。サンクスイベントは、お客様への感謝の気持ちを込めて、毎年開催している集まりだ。

私はこのステージに初めて、マザーハウスの製品を手掛ける職人たちを5カ国から1人ずつ呼んだ。松屋銀座でものづくりの実演をしてもらうというワクワクするような試み。

まずステージに上がったのは、バングラデシュのバッグ職人だった。鮮やかな手つきでミシンを操り、会場からは拍手喝采。その様子をステージ横で待機しながらじっと見ていたのは、スリランカのジュエリー職人。彼は石留めという繊細な作業を見せてくれた。今度はその様子を、バングラデシュのバッグ職人がじっと観察している。

実演が終わった後は大変だった。「素材は何を使っているのか」「どんなハサミを使っているのか」「なぜあの工程の後にそれをするのか」「どうしたら1ミリ以下のきれいな仕上げができるのか」とお互いに質問攻めにするから、通訳が忙しくてしょうがなかった。

そのうち、自慢合戦が始まった。「この細かい縫い目は俺がやったんだ」「ここも僕の仕事だ」。

会話を聞きながら、私はもうニヤニヤが止まらない。もちろんお客様にうちの製品のつくり手側の思いを知ってもらって、感謝の気持ちを伝えるというのがイベントの趣旨だが、その場は5カ国の職人の交流の場、切磋琢磨する機会となっていった。ねらい通りの成果だった。

健全なる競争があってこそ、成長が生まれる。
これは個人の仕事でも、企業のビジネスでも、
国際関係でも言える真理だと私は思っている。
だから、意図的にライバル心をどんどん刺激したい。

このイベントは、１週間続いたのだが、１日だけだがおもしろいことが起こった。種類も多く、売上規模も圧倒的に大きいバングラデシュ産のバッグ製品を押さえて、インドネシアとスリランカでつくられているジュエリーの売り上げが勝ったのだ。たった1日の出来事とはいえ、バングラデシュの職人は、内心かなりショックだったと思う。

でも、ほかの国に比べて歴史も、規模も大きいことに慢心していたバングラデシュの職人が「このままじゃマズイかもしれない」という危機感をお土産として持ち帰ってくれたことは、経営者としては大収穫だった。

きっと彼らはこの経験を糧により一層、自分たちのベストをつくしたものづくりに精進してくれると期待している。

一方で、ジュエリー部門では後発隊のスリランカに、売り上げで抜かれていたインドネシアの職人。彼がイベント後に話してくれた感想もうれしかった。

「僕たちの村は小さくて、できることは限られている。だからこそ、スリランカにはできない、僕らしかできないジュエリーをつくろうと思った」

彼らを集めてみて本当によかった、と感じた。各国のトップ職人を生産から引き離してでも日本に来てもらうことに、ためらいはゼロではなかったけれど、やっぱり間違いじゃなかったな、とジーンとした。

感動的な場面はまだ続いた。このイベントの最終日の夜のことだった。

最後の大阪・梅田でのイベント後、私はもうクタクタで、早くホテルで休みたいと思っていたところ、何やら会場の奥から騒がしい声が聞こえてきたのだ。

振り向くと、5カ国の職人が円陣を組んでいる。

「マザーハウス！　マザーハウス！」と掛け声を連呼している。初日はよそよそしく、別々にランチを食べていた職人たちが、一緒になって一つの輪をつくっている。異様だ。思わず、大爆笑だ。でも同時に、私は感動で大号泣した。

「企業」というものも、あり方次第で、国を超える。哲学も、国を超える。私たち小さな企業でも世界の架け橋になることはできる。

このイベントの大きなお土産は、みんなが切磋琢磨するエンジンとなる「競争心」だった。

それぞれの国をなんとなくライバル視しながら、健全なる競争意識を育むことはリアルな接触がなせる技だと思う。その後の各国の成長は目覚ましい。

お客様がリアルに移動し、職人たちと出会う

銀座に職人を連れてくることで大成功をおさめたのは1年ほど前のことだが、その「逆」のことは、２００９年から行っている。職人がつくるバッグを買ってマザーハウスを愛してくれる日本のお客さんを、バングラデシュやネパールの工場に連れてい

くツアーだ。毎年実施している。

目的は、もちろんお客様に喜んでもらうためだし、商品のトレーサビリティを体感できる機会を提供したかった。街中で買う商品が「どうやってつくられるか」を知る機会は決して多くない。

でも、それだけじゃない。旅行代理店大手のエイチ・アイ・エスと組んで実現したこのツアーは、「職人のモチベーションを上げるにはどうしたらいいんだろう？」とずっと考え続けてきた私たちが、その答えを確かめるために企画したものでもあった。

売り上げや利益、それによって上がる給料といった〝数字〟だけでは、職人たちの強い動機付けにならない。
つくり手と使い手が出会うこと。
そこにリアルな回答が待っている予感がした。

観光地とはほど遠い素朴な村の一角。工場が入るビルの前に、大きなツアーバスが停まって、中からゾロゾロと日本人が降りてくる光景はなかなか壮観だ。ときには、それだけで近所の人が集まってくるくらいのちょっとしたお祭り騒ぎになった。

日本のお客さんは、自分が欲しいトートバッグの型紙を描いて、実際に工場でつくってみることができる。当然、お客さんはミシンを扱えないので、現地の職人の手を借りることになる。

途上国の職人が、先進国の消費者を手助けして、バッグを縫う。なんとなく私たちは無意識のうちに、先進国の人が「助ける人」、途上国の人が「助けられる人」と考えてしまいがちではないか。

そのため、この〝逆転現象〟は確実に、職人たちのプライドを刺激したと思う。

「誰に届いているか」がわかる仕事には熱がこもる。
その日から、職人たちの目の輝きが違って見えた。

「日本のお客さんのためにアイフォンが入るポケットのサイズに変更する」。そうした意見が工場サイドから出てくるようになったのは、リアルな「お客様」と「職人」の出会いがもたらす大きな変化だった。

そしてそれは、もう一方の日本から来たお客様も同じ。「バングラデシュの職人さんたちは、かっこよくて、ずっとたくましい」。「どんな人がどんな思いで、つくっているのかわかった」。より深い愛着を、自分のバッグに感じてくれたようだ。プロダクトを通じてだけでなく、実際に出会う場をつくること。それが国を超えて先入観や偏見を壊していくと信じている。

「自然」は最強の世界共通語

そして、もう一つ、私が意識していること。

デザインとして、世界の誰もが「共鳴、共感できる美しさ、フォルム」とは何か、という問いに対する答え。万国共通の美を探し続けてきた。

その結果、私は「自然」の世界に、常にクリエーションのテーマを見つけている。何かを美しいと思う感覚はその国の文化や歴史に根付くところも多いけれど、山や木々、風などの「自然」だけは共通の美として存在するのではないか。国や地域ごとの違いを超えて、直感的に「あ、これなんだかいいな」と思う共通感覚があるのではないか。そんな仮説だ。

昔、日本のファッション雑誌をバングラデシュの人に見せた。その雑誌には黒いショルダーバッグがあった。小さいショルダーで、鋲のようなリベットと呼ばれる金具が全面に打たれているものだった。「こういうの、日本で本当に人気があるの？　これから戦うみたい！」と笑われたことがあった。

そのときから「ああ、そうか。日本の流行、好みっていうのはみんなにとっては、美しいと思えるものばかりではないのか」と考えるようになった。いろいろ考え始めた。

「国によって好みは違う。けれど、バングラデシュの職人がつくりながら『これ、変なの！』と感じたとしたら、なんだか美しいものにならない気がするなあ」。

答えを得ないまましばらく日常を過ごしていると、何気ない会話の断片が、キラキラと光を帯び始めた。

工場のみんなが窓から入ってくる風を受けて「今日は風が気持ちいい」とつぶやいていた。ふと誰かが、「花ってきれいだよね」と口にするのも聞いた。そして疲れて工場から帰る道の途中、リキシャに揺られながら「なんてきれいな月なんだろう、今夜」と私自身が思わずつぶやいたときもあった。

世界共通の美しさ。
それは、私たち人間が生かされている自然にあるのではないか。

「はなびら」「よぞら」「風まとう」。自然をコンセプトにしたものづくりを繰り返し、彼らと国境を超えた美しさをつくりながら学んできた。

「何が国境を超えるだろうか？」
「何が国境に関係なく存在するのか？」

こうした問いを発し続けていれば、世界の違う国同士が生きる術が浮かんでくるように思う。

まだ知らぬサードウェイ。東洋と西洋

ここまで、サードウェイについて自分自身の経験から語ってきたが、私にはまだ知らないサードウェイがある。

それは「西洋と東洋の間」。

その二極をどう考え、どう両者がかけ算できて、その先にどのような視点が、見えてくるのだろうか。

私の中では、この壮大なるテーマに、これから時間をかけて挑戦してみたいと思っている。

今、私はパリにいる。

起業したばかりの頃から、「世界に通用する」には、パリが欠かせない拠点だと思ってきた。

そして、6年前から、一年に一度はパリを訪れてきた。

最初、現地のファッション関係の人の反応を見たくて、ファッションメディア関係のオフィスを訪れた。

真っ白なキャンバスでいたい

「バングラデシュ？」

「ジュート？」

「あなたがデザイナー？」

質問のシャワーと同時に、そこにいたデザイナーの言葉に衝撃を受けた。

「（マザーハウスでは食用の牛の副産物としての革を使っているのに対し）私たちは、バッグのために牛を育てている」

ものすごい誇りを抱いてきた産業なのだということが伝わってきた。

「エルメスをもっている家は、ずっとエルメスをもつ。ヴィトンはヴィトンをもち続ける。ブランドとは、家系であり、歴史だ」。こんなこともパリで言われた。

これまで進出してきたアジアの国々とはまったく、まったく異なる壁を感じた。強烈なプライドと、伝統。

そしてマザーハウスがこだわってきた「途上国」というキーワードについての反応も新鮮だ。

「途上国っていうのはアフリカのこと。何？　チャリティ？」

バングラデシュもインドも彼らにとっては区別がない。


私が大切にしてきた言葉の意味を巡って、どこか食い違う。

曖昧さが残った、パリでの悔しいプレゼンテーションは数年前のこと。


今年改めてパリでの可能性を探っているが、挑戦の難しさはわかっても、〝やってみたい〟気持ちは変わらない。

今まで、アジアで新しい扉を叩いてきて、未知なる遭遇も含めて挑戦してきたが、パリの扉を開いたら見えるものがきっとたくさんあるはず。生産地のみんなや販売スタッフのみんなにも、新しい世界を見せてあげたい。


そんな私の背中を押してくれたのは、まぎれもなく、モノに対する評価の声だった。

「このシャツは、いけてる」「このジュエリーはパリでいける」

そんな声がちらほらと聞こえるようになった今回の滞在であらためて思ったこと。
それは「モノがいちばん早く、国境を超える」ということ。

人間と違って、モノには、肌の色による違いはない。
モノには言語や宗教という決定的な差異はない。
モノは、素材や色彩、フォルムをまといながら
国を超えて愛される可能性をもっている。

思えば、それは当たり前のこと。人が移動するずっと前に、モノの移動は始まっていたし、その「物流」に私たちは多くの文化的理解・交換をしてきたのだ。

パリに、私たちのモノを届けよう。
もう一度、ゼロに戻るんだ。そして、ゼロ地点からゴールを眺めて、歩き出したい。

第５章のポイント

「ベストオブカントリー」で、「グローバル」と戦う

・すべての国が自国内のベストをつくす「ベストオブカントリー」の発想で、グローバルな世界に対抗できる。

・グローバルに討って出るときこそ、相手を知り、自分たちが持っている武器の中で何が有効かを本質的に理解していることが必要だ。

・一カ国だけでグローバル経済に対抗しなくてもいい。似たような国同士が連携する「ローカル連合」でビジネスをやるのも一つの手段だ。

・グローバルで生きるとき、「ジャパニーズ」を意識してみることが武器になる。

・リアルに移動し、人と交流することで、共有や刺激、健全な競争を生み出すことができる。

おわりに

ここまで、社会性とビジネス、大量生産と手仕事、グローバルとローカルなど、私の経験をベースにサードウェイの考え方を書いてきた。

最後にどうしても書いておきたいことがある。それは、そもそもどうして対立があるのだろうかということだ。

サードウェイの前提には、相反する二つの軸がある。ときには反発し合い、衝突し、緊張感を生む。Aがあれば、Bがある。両方が対立している。それは、避けられないことだし、私はそれが、世界が多様で豊かである一つの証拠でもあると思っている。

たとえば、世界にはたくさんのマイノリティ（少数派）の人たちがいる。私はアフリカの奥地で出会った民族たちの手仕事に心から感動した。ペルーの田舎で、ひょうたんの殻からケースをつくるおじさんにも。ネパールの奥地ポカラで布に素晴らしいペイントをする人。私はものづくりを通じて、世界のマイノリティと「手」でつながっている感覚がある。

どの国の人とも、言語なんか必要なく、その場でものづくりを見て、反応し共鳴し、お互い笑ったり認め合ったりしてきた。彼らの手仕事に対する愛情や、素材に対する敬意は学ぶべきことがとても多い。自由な発想にも常に驚かされてきた。

「ああ、こんな人たちが世界にいるんだなあ」

日本から来た私は、外国人が訪れたことがない地域をたくさん歩きながら、月並みな言葉だけれど、世界の多様性を体中で味わってきた。そしてそれを伝えたいと常々思ってきた。

彼らへの大きな障害は、国際市場へのアクセスがまったくないことだ。

インターネットも普及していない世界の辺境で行われる神秘的な手仕事は、発表の舞台を獲得できず、伝達手段もないため、あっという間にこの世界から失われていく。世界中の消費者の流行を瞬時にとらえ、スピーディにものをつくってグローバル市場で一気に売るような今のビジネスには、合わない。スマホを片手にお気に入りの服をポチッと買う、マジョリティ（多数派）の消費者の目には触れない。

マイノリティとマジョリティ、ローカルとグローバルがここで衝突する。

コルカタから電車を乗り継いで出会った最高の極細番手のインド綿を織るおばあさん。老眼になってきて、もう少しで織りを引退しなければならないと言う。ネパールで出会ったチベットの職人は、自分の村には最高の木彫り職人がいるが、彼の言語を話せる人は誰もいないと言っていた。

私は何も伝統技術をそのままの状態で、まるで博物館のケースに入れておくように「保存したい」と言っているのではない。

世界を歩き回りながら、このような出会いを繰り返してきて、勝手に思った。私の役割は彼らの言語となり、彼らの翻訳者あるいは通訳者になること、そのために、自分自身も手を動かし、彼らの手が生み出す付加価値をチューニングし、世界に発信すること。

彼らは一人ひとりでは本当に弱い。村単位でも、国単位でも発信力もなければ競争力ももてない。ただ、私たちと連合軍を組むことで、彼らにスポットライトが当たる舞台を用意できたらいいなと思っている。そして、国を超えて友達を見つけ、マイノリティ同士が手をつなぎ、一つのフラッグを立てたいなと思うのだ。

その一例がまさにこの本で書いた松屋銀座での5カ国職人集結だった。彼らは手をつなぎ、自分たちの商品を銀座に並べ、マジョリティの象徴である高級な百貨店の「ビッグメゾン」に囲まれながら、一週間で1300万円という驚くべき売り上げをつくった。

「やればできる」。私はこの催事が終わって再びそう思った。マイノリティだから、マジョリティに勝てない。そこで妥協をするのではなく、どちらも中途半端にやるわけでもなく、どちらかに安住するわけでもなく、新しいサードウェイを求めて、歩みを止めないこと。

私の存在、私がやっている活動、それらすべては極めてマイノリティ的だと思う。

マイノリティである私が世界のマイノリティと手を組みやりたいこと。それは国際舞台に立ち、マジョリティと対等に戦ってみたい。その実力はどんなものなのか、試してみたいのだ。

私の個人的なミッションの一つは、「マイノリティメジャー」になること。つまり、規模や経済力では劣っていても、「ベストオブカントリー」を追求することで、それぞれに優劣ではない〝よさがある〟ということを証明してみたい。

根本には私自身がマイノリティとして生きてきたからだと思う。

私は小柄で、よくいじめられた。小学校時代は教室のベランダに出たら、中からカギを閉められたこともあるし、トイレに入っているとき上から水をかけられた。両親には「友達とのおふざけ」と伝えていたが、心はボロボロだった。先生に言っても、聞いてもらえず、逆に遊んでいると思われたのか、怒られた。

ある日、プチッと緊張の糸が切れて学校に行けなくなってしまった。

協調性が欠けていたのかもしれない。でも何かに劣っていても、私は私らしくありたいと思った。

自分には自分にしかない個性があると信じて、大好きな絵を描き続けた。だから私は途上国を歩いていると、まるでかつて自分自身に言い聞かせたように、〝この国には素晴らしい個性がある。一緒にそれを表現していこう！〟と思うのだ。

＊＊＊

「どうやったら自分の夢は見つかりますか？」

高校や大学での講演会でいちばん多い質問だ。

二つ、いつも伝えていることがある。それはまず、「そんな簡単に見つかるものだと思わないこと」。それと「夢を描いたとしても追っていく中でそれは変化していくよ」ということ。

私は「途上国から世界に通用するブランドをつくる」という人生を捧げたいと思う夢をラッキーにも見つけたが、そこに行き着くまでにはいくつもの葛藤と何時間もの内省と、たくさんの「アクション」があった。

「こうかもしれないな」と思った時点で、一度覚悟を決めたらいいのだ。

もう迷うのをやめて、「とりあえず」そこに向かって頭と体を動かして、夢中になってみること。

夢中になる人の目にはいろんなことがクリアに見えるはず。出会いも降ってくるはず。

そんなプロセスの中で「あ、これ違うかも？」と思ったら笑顔で軌道修正したらいいじゃないか。

マイノリティである私は弱い。力もないし、失敗も多いし、自分の声を多くの人に届けるのが苦手だ。

「もっとこうしたいな」「これができればいいな」と、毎年のように軌道修正している。本気でやってみたけれど、実はあんまり好きになれなかったな、なんて山ほどある。

だけど、大事なことは軌道修正前提でも覚悟を決めて動くことなんだ。動いた結果、全部が「今」につながっている。

＊＊＊

ぐねぐねした「今」のあとには、何が待っているのだろう。

途上国の素材を磨き上げ、職人たちと切磋琢磨して、国の発展に寄与する。そこでつくられた商品が世界の一流ブランドと肩を並べるようになり、お客様に喜んでもらう。社会性とビジネスという正反対にもみえるゴールを追いかけながら、現実にもまれながら、ときには衝突を繰り返しながら。

私は、これからもサードウェイ、第3の道を歩んでいく。

本書を読んでくださったあなたが、自分なりのサードウェイを見つけ、世界に新しい道をつくる。みんなのサードウェイが世界にあふれて、ときに交わり、さらに新しい道が生まれる。

そうなったら、きっと世界は変わる。そう信じている。

2019年夏　山口絵理子

ハ　フ　ポ　ス　ト　ブ　ッ　ク　ス

ここから会話を始めよう

世界では「分断」が起きている、といわれています。
だが、本当でしょうか。

人は本当に排他的で、偏屈になっているのでしょうか。

家族の間で、学校で、オフィスで、そして国際社会で。さまざまな世間でルールが大きく変わるなか、多くの人は、ごく一部の対立に戸惑い、静かに立ち止まっているだけなのではないのでしょうか。

インターネットメディアのハフポスト日本版と、出版社のディスカヴァー・トゥエンティワンがともにつくる新シリーズ「ハフポストブックス」。
立場や考えが違う人同士が、「このテーマだったらいっしょに話し合いたい」と思えるような、会話のきっかけとなる本をお届けしていきます。

本をもとに、これまでだったら決して接点を持ちそうになかった人びとが、ネット上で語り合う。読者同士、作り手と読者、書き手同士が、会話を始める。議論が起こる。共感が広がる。自分の中の無関心の壁を超える。

そして、ネットを超えて、実際に出会っていく。意見が違ったままでも一緒にいられることを知る。

それは、本というものの新しいあり方であり、新しい時代の仲間づくりです。
世界から「分断」という幻想の壁を消去し、私たち自身の中にある壁を超え、知らなかった優しい自分と、リアルな関わりの可能性を広げていく試みです。

まずは、あなたと会話を始めたい。

2019年4月

ハフポスト日本版編集長　竹下隆一郎
ディスカヴァー・トゥエンティワン取締役社長　干場弓子

Third Way《サードウェイ》 第3の道のつくり方

発行日 2019年 8月15日 第1刷
2019年 9月 7日 第2刷

Author 山口絵理子

Photographer Takahiro Igarashi Munetake Harada
Book Designer 佐藤亜沙美
表紙・挿絵：山口絵理子 吉森太助

Publication 株式会社ディスカヴァー・トゥエンティワン
〒102-0093
東京都千代田区平河町2-16-1 平河町森タワー11F
TEL 03-3237-8321（代表）03-3237-8345（営業）
FAX 03-3237-8323
http://www.d21.co.jp

Publisher 干場弓子
Editor 大竹朝子（編集協力：竹下隆一郎 宮本恵理子）

Marketing Group
Staff 清水達也 飯田智樹 佐藤昌幸 谷口奈緒美 蛯原昇 安永智洋 古矢薫
鍋田匠伴 佐竹祐哉 梅本翔太 榊原僚 廣内悠理 橋本莉奈 川島理 庄司知世
小木曽礼丈 越野志絵良 佐々木玲奈 高橋雛乃 佐藤淳基 志摩晃司 井上竜之介
小山怜那 斎藤悠人 三角真穂 宮田有利子

Productive Group
Staff 藤田浩芳 千葉正幸 原典宏 林秀樹 三谷祐一 大山聡子 堀部直人 林拓馬
松石悠 木下智尋 渡辺基志 安永姫菜 谷中卓

Digital Group
Staff 伊東佑真 岡本典子 三輪真也 西川なつか 高良彰子 牧野類 倉田華
伊藤光太郎 阿奈美佳 早水真吾 榎本貴子 中澤泰宏

Global & Public Relations Group
Staff 郭迪 田中亜紀 杉田彰子 奥田千晶 連苑如 施華琴 佐藤サラ圭

Operations & Management & Accounting Group
Staff 小関勝則 松原史与志 山中麻吏 小田孝文 福永友紀 井筒浩 小田木もも
池田望 福田章平 石光まゆ子

Assistant Staff
俵敬子 町田加奈子 丸山香織 井澤徳子 藤井多穂子 藤井かおり 葛目美枝子
伊藤香 鈴木洋子 石橋佐知子 伊藤由美 畑野衣見 宮崎陽子 並木楓 倉次みのり

Proofreader 文字工房燦光
Printing 大日本印刷株式会社

ISBN978-4-7993-2542-1